街道的品质

的

—— **规划设计理论与实践**

韩笋生 黄 宁 何 玮 赵海娟 等著

中国建筑工业出版社

图书在版编目（CIP）数据

街道的品质：规划设计理论与实践／韩笋生等著．—北京：
中国建筑工业出版社，2020.2
　ISBN 978-7-112-24673-1

　Ⅰ．①街… Ⅱ．①韩… Ⅲ．①城市道路－城市规划－建筑设计－
研究　Ⅳ．①TU984.191

中国版本图书馆CIP数据核字（2020）第016611号

责任编辑：焦　扬
版式设计：锋尚设计
责任校对：王　瑞

撰写人员：韩笋生　黄　宁　何　玮　赵海娟　黄　琪　陈　芬　廖大彬
　　　　　胡　亮　叶咏梅　魏　明　刘天栋　宋子祥

街道的品质
——规划设计理论与实践
韩笋生　黄　宁　何　玮　赵海娟　等著

＊
中国建筑工业出版社出版、发行（北京海淀三里河路9号）
各地新华书店、建筑书店经销
北京锋尚制版有限公司制版
北京市密东印刷有限公司印刷
＊
开本：787×1092毫米　1/16　印张：15½　字数：268千字
2020年9月第一版　2020年9月第一次印刷
定价：**79.00**元
ISBN 978 – 7 – 112 – 24673 – 1
　　　　（35348）

城市街道品质提升是目前我国城市建设和规划研究中备受关注的热点话题。对其深入、系统的认识、研究是巩固我国各级城市在过去几十年中国快速城镇化和机动化的发展历程中在道路建设领域取得的巨大成就，解决在城市街区活力、街道品质方面带来的问题的需要，是我国城市从粗放型向集约型方向发展、城市从增量规划向存量规划的转型的需要。在过去的二十年里，国家相继出台了一系列的城市品质提升的相关政策性文件，如 2013 年中共中央国务院出台的《关于加强城市基础设施建设的意见》、2015 年住房和城乡建设部首次提出的城市双修理念、2016 年《关于进一步加强城市规划建设管理工作的若干意见》、2017 年住房城乡建设部出台的《关于加强生态修复城市修补工作的指导意见》等。在这些多重政策的引导下，我国城市发展方式正在发生转变，对城市空间品质建设的要求也正在不断提升。

国际上特别是美国的城市规划师、城市设计师、城市研究学界、社会运动领袖以及城市管理者在二战以后就把街道对城市公共生活的重要性提到了城市政策、规划设计实践以及学术研究的日程中。20 世纪 50 年代，简·雅各布斯在她的名著《美国大城市的死与生》中提出街道是城市最重要的公共活动场所，她的这一思想影响到美国五六十年代城市更新的政策与实践；70 年代美国发起的完整街道运动，把慢行交通在街道上通行的安全性提到了重要的议事日程；八九十年代新城市主义将街道重新定义为一种社交场所，试图把街道重塑为居民面对面交流的城市公共空间，即市民空间（Civic Space）；进入 21 世纪以来，全球化的浪潮进一步推动了城市对街道活力和品质提升的关注，世界各国许多城市纷纷制定并出台了街道设计相关标准和规范，从政策、管理、设计及制度方面为街道品质的塑造和环境提升创造了良好的基础。

在此宏观背景下，我国上海、北京、广州、深圳、武汉等城市陆续开展了城市街道品质提升工程，并进行了《街道设计导则》的编制。学界也开始探索我国街道品质提升工作中有关的政策以及实践问题。这些工作促进了国内街道空间规划与设计的理论研究。但是，目前国内关于街道品质提升的研究侧重于对街道空间品质测度的探索和街道设计标准的规范化，对街道品质提升的理论及实践的应用研究还非常少。本书填补了街道品质提升研究的空白，对于认识我国街道品质相关的要素、制定街道品质的相关政策以及指导地方街道改造的实践均有一定的参考意义。

本书共分为三个部分，包括理论篇、案例篇和实践篇。其中理论篇在全面梳理国内外已有研究的基础上，从产权与规划制度、空间活动范围、景观感受、人际关系四个方面界定了街道的内涵，并提出了街道要素、功能与类别及中西方的差异；同时分析了街道品质的主观性、影响因素及中国街道品质存在的主要问题，以此为基础，本书提出了街道品质提升的流程，包含街道品质提升的重点问题、利益相关者的诉求分析、品质提升的目标及流程。提升街道品质的诉求和实践古已有之，其做法包括自下而上由街道居民或市民主导的提升活动，以及自上而下由地方政府主导的提升项目。目前中国街道品质提升重点解决人性化、通行顺畅、场所功能以及多部门多元素协调问题，体现了由粗放型发展向精细化发展转型的要求。根据街道居民、市民、地方政府的具体情况制定街道品质提升规划设计，并结合部门职能定位有效实施，是街道品质提升工作中亟待创新的部分。

案例篇分析了已经完成的中外城市街道品质提升的改造案例，总结出街道品质提升的实施过程、问题、成果和经验教训，以期找出这些案例的成功路径，为我国的街道改造提供借鉴。本篇中分析的街道案例来自不同的国家和地区，案例选取的原则主要包括反映不同类型、不同尺度、不同社会经济条件下街道品质改造工程的重点目标和方法。案例分析的重点则放在主要利益相关者对街道品质提升项目的诉求、规划设计实施中扮演的角色以及对项目完成后的评价。每个城市的每条街道都是独特的，由于街道改造的背景与所在国当时的政策、所在地城市发展的背景、相关主体的诉求息息相关，街道改造方案千差万别，但是一个好的街道品质提升工程必然要解决街道所面临的问题，造福于街道使用者。

实践篇分析了国内外街道设计规范、导则等相关标准，以期为我国各相关部门制定街道品质提升的相关标准与规范提供参考，同时以武汉市规划设计有限公司规划设计的街道为例，选取了武汉市新、旧城区的三种街道类型，分别为生活服务街道的改造、新建商业街道的设计及景观型街道的改造，按照理论篇中关于街道的定义，重点从产权与规划制度、空间活动范围、景观感受及人际关系四个层面对街道进行了现状分析，并结合街道需求方和供给方的诉求，提出了街道改造的思路，以期为其他城市或者地区街道的改造提供借鉴。

本书由墨尔本大学墨尔本设计学院韩笋生教授和武汉市规划设计有限公司研究团队共同撰写。武汉市规划设计有限公司研究团队由公司总经理黄宁、总工程师何玮及赵海娟、黄琪、陈芬、廖大彬、胡亮、叶咏梅、魏明、刘天栋、宋子祥十一位工程师组成。韩笋生教授和武汉市规划设计有限公司高级工程师赵海娟负责统筹全书的内容、结构和研究进度；主要篇章的撰写按照分工协作的原则，理论篇主要由韩笋生教授负责，案例篇和实践篇主要由武汉市规划设计有限公司研究团队负责撰写。

目录

第三部分
实践篇

第一部分

理论篇

第 1 章

街道的定义

1.1 街道既是道路又是场所

街道是人们经常使用的一种物质和社会空间形式。它既满足人们户外活动时从出发地到目的地的通行功能，也为人们日常生活中购物、会友、休闲等活动，以及承载地方的历史文化特色提供场所功能。

1.1.1 街道是道路的子集

街道是道路的一种类型。根据《现代汉语词典》，街道是"旁边有房屋的可供人、车通行的道路"。《新华汉语词典》给出的定义也基本相同，即，把"旁边有房屋的较为宽阔的道路"叫作街道。《当代汉语词典》所定义的道路是指"地面上供人或车马通行的部分"。在日常汉语应用中，街道也等同于街，如《古汉语常用词典》把街释义为街道；《新华汉语词典》把街定义为"城镇里比较宽大的、旁边有房屋的道路"，这一定义把街看作城镇中所独有，除此之外街的定义和街道的定义是一致的。

按照以上词典里的定义，所有人类活动达到一定程度、需要经常从一点运动到另一点的地方就有道路（即，供通行的地面部分）。这些道路可以出现在荒野、农田、居民点等大自然以及人工建成环境中。街道只能出现在人工建成环境中，特别是有一定规模的人口聚居区，如设镇或市建制的居民点里。

　　长期沿用的道路工程术语并没有给街道提供一个明确的定义。国标《道路工程术语标准》GBJ 124-1988❶把街道看作城市道路的一个子类，与其他七种类型的城市道路，即，（城市）快速路、（城市）主干路、（城市）次干路、（城市）支路、郊区道路、居住区道路、工业区道路，一起同为城市道路。其具体定义为："在城市范围内，全路或大部分地段两侧建有各式建筑物，设有人行道和各种市政公用设施的道路"。而城市道路则是道路的五种类别之一，即，①公路——联结城市、乡村，主要供汽车行驶的具备一定技术条件和设施的道路；②城市道路——在城市范围内，供车辆及行人通行的具备一定技术条件和设施的道路；③厂矿道路——主要供工厂、矿山运输车辆通行的道路；④林区道路——建在林区，主要供各种林业运输工具通行的道路；⑤乡村道路——建在乡村、农场，主要供行人及各种农业运输工具通行的道路。国标术语为法规文件中相关的定义奠定了基础。比如随后出台的《城市道路管理条例》❷使用以上国标术语给出的城市道路定义并进一步明确桥梁及其附属设施是其中的一部分，将城市道路定义为"城市供车辆、行人通行的，具备一定技术条件的道路、桥梁及其附属设施"。显然，《道路工程术语标准》GBJ 124-1988以及《城市道路管理条例》中关于城市道路和街道的描述，使得街道的定义变得更不明确了。城市快速路、城市主干路、城市次干路或城市支路是不是都算作街道呢？位于郊区、居住区以及工业区的许多城市道路符合城市街道的定义，它们是不是街道呢？在城市之外的居民点，如建制镇，是否可以有街道类型的道路呢？对于以上疑问，《道路工程术语标准》GBJ 124-1988没有说明。文件对道路、城市道路和街道的定义明确了街道是道路的子集这个逻辑关系，但对于哪些城市道路可以算作街道、哪些不可以算作街道这个问题没有提供一个明确的答案。

　　最近推出的新标准《城市综合交通体系规划标准》GB/T51328-2018将城市道路分为三类：干线道路、连接性道路和地方性道路，并将地方性道路称作街道。

---

❶《道路工程术语标准》CBJ 124-1988由国家计划委员会（现国家发改委）发布（计标【1988】493号），自1988年12月1日起施行。

❷ 1996年6月4日国务院令第198号发布，1996年10月1日起施行，根据2011年1月8日国务院令第588号《国务院关于废止和修改部分行政法规的决定》修改。

1.1.2 街道是城市活动的场所

日常汉语使用中，街等同于街道。"上街"或"逛街"常常是说去一个或多个地点，在这些地点进行的活动可以是单个人或多个人一起购物、看电影、用餐、闲逛等。在这个语境中，街道是一个聚人气的地点，有吸引人们聚集的商业店铺、文化娱乐设施、餐饮服务等功能。这时，人们来到街道不是因为通行需求，而是因为需要使用这里聚集的各种商务、娱乐、休闲等功能。在历史的长河中，街道往往承载了一系列的事件，对本地居民甚至在更大的范围内（比如在整个市、省、全国直至全世界）与社会、经济、文化的变迁融为一体。街道空间由活动地点演变成为具有人文记忆、体现城市历史文化、自然风貌、社会经济特点的场所。"上街"或"逛街"通过使用街道的场所功能，把人们的活动与延续地方风俗习惯、历史文化特色，甚至地方经济发展变得密不可分。

街道作为场所的另一个含义，是以街道为依托形成的人际关系网络。同住于一个街道，或者同在一个街道工作会增加人与人之间的认同感。这种以地缘为联系纽带的社会交往特点在东西方文化中都存在。比如德国社会学家斐迪南·腾尼斯（Ferdinand Tönnies）所描述的以家庭、邻居、朋友关系为主形成的社会网络，以及中国社会学家费孝通所描述的以血缘和地缘为主的乡土中国熟人社会❶。随着城市化的进程，以血缘、地缘为纽带的人际关系网络面临了极大的挑战，许多社会关系研究者认为当今社会中，血缘、地缘、业缘、趣缘都会形成相应的交往关系。美国实事记者、社会活动家简·雅各布斯以她深入到街道的生活观察体验为基础，倡导保留、发展以街道为依托的人际关系网络，通过相应尺度、功能的街道实体空间设计，建设有活力和归属感的街道空间。简·雅各布斯的思想，影响到1960年以来的城市规划理论和实践，是当前街道规划设计讨论中的一个重要思想。

街道还有一个常用的意思是指城市中的行政单元。在中国目前的行政体系中，街道是城区下面一级的空间单元。"街道办"是区政府的分支机构。如，北京市有145个街道办事处，主要分布在城区，小部分（约20个）分布

---

❶ 费孝通认为乡土中国的熟人社会由血缘关系主导，地缘关系与血缘关系密不可分。根据宋丽娜（2009）的研究，一些由多元姓氏组成的村落，也存在着熟人社会的人际关系形态，这种熟人社会不是建立在血缘关系基础上，而是依靠地缘关系形成、维持、发展。人情往来是以地缘关系为基础的熟人社会建立熟人圈子或者自己人圈子的内部认同机制。

在郊区县。各城区街道数量不等，比如朝阳区24个，海淀区22个，石景山区9个。作为空间单元的街道在土地面积和人口数量上都有比较大的规模，远非作为道路的街道可比。例如海淀区的清华园街道，下辖9个社区，占地4平方公里，2014年户籍人口54000人，常住人口59000人。辖区内文化教育资源丰富、高科技企业云集、社会服务设施齐全，是体现北京作为现代城市高端经济活动聚集、科教发展文脉的重要区域。

1.2　本书对街道的定义

本书所指的街道，包括了物质空间和社会空间。从物质空间的角度，街道是全路或大部分路段旁边建有建筑物，可供人们通行以及进行其他活动，它们既是道路也是场所（聚集社会经济活动的地方或场地），但不是行政系统里的基层管理单位。街道上日常的通行，可以发生在传统的路面部分，也可以发生在高架路或高架桥上；通行可以通过多元的出行方式实现，比如步行、使用人力驱动的交通工具（如自行车、滑板等）或机动车等。街道上的通行方式可以是以某一种出行方式为主，比如步行街或以机动车为主的城市干道，或以混合型的快慢速通行方式并存为特点。在街道上所发生的活动，也是各式各样的，比如在商店购物、在餐馆用餐、在剧场或电影院看表演、在公共空间散步、观察路人、聊天、阅读，以及驻足街道对一个共同感兴趣的问题进行讨论与分享等。人们在街道上的活动随着时间的变化而变化，对应不同的季节和时间段，使用街道的人群会在年龄、性别、职业等方面呈现不同的特点。

街道不只是一个物质空间。它也是一个由制度和人际关系定义的社会空间。从社会空间的角度，街道是由规划制度和权属制度定义的空间范围，并且包含了以街道为依托的人际关系网络。与物质空间不同，社会空间不以看得见、摸得着的实体形态出现，但它确确实实存在于法规文件和社会交往中。物质空间和社会空间相互依存、相互影响，它们共同赋予街道定义的四个角度：产权与规划制度、空间活动范围、景观感受、人际关系。

（1）从产权与规划制度的角度，街道是位于建设用地（如商业用地、办公用地、住宅用地、工业用地等）之间由城市道路的红线所规定的道路交通用地。道路红线把地面划分为道路的部分和道路两侧用作商业、办公、居住、生产、休闲等活动的用地。从道路的权属特点看，道路红线以内的部分通常是具有公共产权的地块；沿道路红线两侧的用地可以是具有公共产权、由地方政府机构开发管理的地块，或是具有公共产权、但是以长租或短租的方式由私人或企事业单位开发管理的地块，或者是私人所拥有、并负责开发管理的地块。

（2）**从使用者空间活动范围的角度**，街道是以道路红线所定义的地面上供通行的部分为核心，由道路红线内和道路红线外承载公众活动功能的空间共同构成的综合体。以公众在街道的活动范围定义的街道在物质空间上超越了道路红线所限定的地面部分。比如在商业店铺聚集的街道上，商业店铺承载了人们到该街道进行购物活动的功能，人们的活动范围从道路红线所定义的道路部分扩展到了沿街的商业店铺里，这些商业店铺是街道不可分割的一部分。同样，沿街的电影院、博物馆、餐馆等公众可以使用的空间也是街道的一部分。以居住、办公、生产为主的沿街地块则通常不向公众开放，因为它们不在公众的活动范围之内。街道综合体的概念，要求街道规划、建设、管理过程中协调众多利益相关者（如房地产权所有人、使用者、管理者等）。

（3）**从景观感受的角度**，街道是视线所及范围内由路面、沿街建筑立面，以及分布于地面和沿街立面上的绿化、小品、设施等构成的空间环境。以景观感受定义的街道同样超出了以道路红线所定义的街道的范围。与使用活动范围为标准定义的街道相比，以景观感受定义的街道用沿街建筑立面作为边界，从而减少了街道的横向进深，但同时增加了对三维空间的考虑。对街道景观环境的感知，有较大的主观因素，往往因人而异。

（4）**从人际关系的角度**，街道是一个由地理区位界定的人际关系网。这个关系网中有相对长期稳定的邻里网络，比如在以商业店铺为主要沿街建筑的街道商户之间的网络，以小作坊为主要沿街建筑的街道作坊主之间的网络，以及在以住宅为主要沿街建筑的街道居民之间的网络等。这些网络往往为商户、作坊主、居民提供归属感，亲近的邻里关系使得互助守望成为可能，增加社会安全感。这个关系网中还包含了相对短期多变的小团体网络，比如利用街道空间进行周期性活动（广场舞、晨练等）的人群所形成的网络，其成员不限于沿街居住或工作的地理范围，交往的主题也不限于和街道相关的话题。

认识以上四个定义街道的角度，是界定街道规划设计管理工作范围的基础。综上所述，本书所指的街道，既是全部或大部分路段旁边建有建筑物，可供人们通行以及进行其他活动的物质空间，也是由制度以及人际关系所形成的社会空间。街道规划设计通过改变街道的物质和社会空间的构成及形态，为相关的个人、家庭、社区以及公众创造福祉或带来挑战。

1.3　街道要素

按照以上街道定义的四个角度，街道要素主要包括四组：制度要素、空间范围要素、景观感知要素、人际关系要素。这四组要素是构成街道的基本单元，它们从法律规范、活动功能、心理感受、社会交往四个方面，共同影响街道的兴衰与活力。

1.3.1　制度要素

用地规划制度和土地权属制度是街道的形成、改变以及日常维护管理的最基本的要素。用地规划中的道路红线把街道的地面通行部分与沿街地块明确分开，以保障街道作为道路子集的通行功能。道路红线内的用地，除了满足通行功能要求以外，还用来布置地上以及地下的城市基础设施，如水、电、气的管道，以及交通信号、广告招牌等。道路红线制度禁止沿街建筑进入特定的地面通行区，同样，街道的通行功能也不会在超越道路红线之外的地块上实现。

土地权属的划分通常与土地规划分类相协调，即，每一个地块都与一个规划的用地类别和产权持有人所对应。在有些情况下，一个规划的地块，比如新增道路，可能包括了多于一个的土地产权持有人，而在另一些情况下，一个单一产权的地块可能规划为多于一个类别的用地。以上情况都会增加规划实施中进行协调的工作量，甚至会使规划的实施非常困难。

土地的权属制度是街道规划设计中容易被忽略的要素，这与历史上我国土地权属制度的变更有关。1949年10月之后政府进行了土地改革、测量、划界、登记等工作，随着社会主义公有制的建立，法律对私人产权有着严格限制。1954年颁布的宪法明确了我国土地使用实行国家划拨、无偿使用的制度；1978年改革开放以后，随着市场经济的不断发展，土地开始从无偿使用向有偿使用转变，1988年颁布的《土地管理法》明确规定了"国家依法实行国有土地有偿使用制度"，这时期土地使用以划拨与有偿使用并存，且仍以划拨方式为主；2000年以后，国家开始对土地市场重视，随着国务院颁发《关于加强国有土地资产管理的通知》，经营性国有土地招标拍卖供地作为一种市场配置方式被正式确立，土地有偿使用作为一种新的宏观调控方式登上舞台。不同时期土地权属的不同，反映到街道上即是街道两侧建筑的用地权属差异，这从后面街道提供的案例中也可以看出❶。

权属数据和地类（土地分类）数据构成我国地籍管理的两套体系。两种管理方式的数据收集、登记、发证过程分别进行，所得到的最终数据还没做到无缝衔接和同步更新❷。尽管1984年以来，我国已经进行了两次全国性的用地调查，地籍管理数据库还需不断的完善❸。与街道工作有关的权属和地类数据也会更多、更准确地应用到街道规划设计工作中。

1.3.2 空间范围要素

街道的通行与场所功能决定了街道的空间范围不只是在道路红线所限定的区域。被街道的商业、餐饮服务、文化教育、休闲、商务等功能吸引来的人群会把来到街道后的大部分时间花在沿街的各个功能空间里，而不是在道路红线所限定的用地范围内。这些不同的功能空间构成了街道规划设计不可或缺的部分。

沿街建筑不同的活动功能对"上街"和"逛街"的人群开放度不同，吸引力也各异。沿街的公共绿地或者是休闲空间，包括私人或单位用地对公众开放的室外部分，通常是对公众开放度最高、吸引力最大的道路红线外的活动空间。其次是商业店铺的室内空间，公众可以没有消费的压力，自由进出。对于电影院、餐馆等功能空间，门票或者消费要求（如餐馆是供客人用餐的地方）则限制了公众对这些空间的使用。还有一些沿街建筑是住宅或办

---

❶ 马欣，陈江龙，吕赛男. 中国土地市场制度变迁及演化方向［J］. 中国土地科学，2009，123（12）：10-15.

❷ 高振宇. 地籍管理中的问题思考及对策研究［J］. 中国房地产，2017，563（06）：49-53.

❸ 我国第一次全国土地调查始于1984年5月，并于1997年底完成调查。第二次全国土地调查自2007年7月1日起，并以2009年10月31日为调查的标准时点，汇总成基本数据。2010年以后，每年进行一次土地变更调查。第三次全国土地调查从2017年开始准备，计划用优于一米分辨率的卫星数据进行调查，并将二调的8个一级类38个二级类增加至12个一级类55个二级类。第三次全国土地调查将以2019年12月31日为调查标准时点，统一进行调查数据更新。在2020年完成调查数据汇总形成第三次全国土地调查数据成果。

公楼，这些空间对"上街"和"逛街"的人群来说，属于私人或半私人的空间，非请莫进。而那些有规律地对公众开放的沿街建筑，比如博物馆、展览馆，甚至名人故居，则为街道上人群的活动空间拓展提供了新的可能性，即，空间范围要素随时间变化，因此有一个时间的维度。

人们在街道上活动的空间范围根据时间变化而有不同的特点。晨练的人群主要使用街道上对公众开放的室外空间。上班早高峰时段街道上供通行的部分使用强度大，同时人们对早点、快餐服务有较大的需求。大型商场等商铺开门营业后不但增强了街道场所活动在两侧的纵深，还以多层的营业空间增加了人们在三维尺度上的活动。下午晚高峰时段是沿街菜市场、餐饮服务需求旺盛的时间，同时也是人们夜生活的开始，酒吧、电影院、游戏厅等设施开始活跃。节假日或者一些特定的日期，随着一些平时收费设施（如博物馆）对公众的开放，空间范围要素也需要重新定义。

1.3.3 景观感知要素

景观感知要素是街道上视觉范围内所有景观构成单元的总和。这些景观单元可以分为路面、沿街建筑立面、街道设施和绿化四个部分❶。

路面也称作底界面，是人们与街道直接接触的面。通过对其铺装材料的选择、高差设计，创造适合活动、通行、驻足的空间。

沿街建筑立面即侧界面，位于街道的两侧，与底界面垂直，由建筑墙体、围栏、构筑物等组成。侧界面与底界面共同营造了街道的空间尺度，是街道景观展示的主要界面，也是对街道空间的连续性以及街道的天际轮廓线起到决定性作用的要素。

街道设施包括座椅、垃圾箱、广告牌、路牌、路灯、雕塑小品、停车位等。它们通常置于街道的底界面之上，有些街道设施安装在侧界面上。

街道绿化包括街道两侧以乔木为主的行道树、花坛、树池、藤蔓、绿篱、灌木等。绿化在质感、颜色方面丰富街道底界面和侧界面的空间，改善

---

❶ 有关街道要素的研究还比较少见，本书参考了"白骅. 城市街道界面景观要素及设计方法研究［J］. 西安建筑科技大学学报（自然科学版），2014，46（197）：562-566""黄丹. 基于居住行为的生活性街道要素对活力的影响研究——以深圳市南山区典型街道为例［J］. 哈尔滨工业大学，2018"。以上两篇文献都使用了"底界面"和"侧界面"的提法，但都没列出这些提法的出处。黄丹的论文中应用了"底界面""侧界面""街道设施""绿化"的分类。白骅把"底界面"和"侧界面"归类为硬件层，把广告牌归为软件层。本书提出了把绿化要素的"生长型"特点突出，并增加对"流动型"要素的考虑。

街道的微气候。

根据以上景观感知要素的特点，可以把路面、侧界面以及街道设施归纳为硬件型要素，把绿化归纳为生长型要素。硬件型要素的尺度和形态都是固定的，而生长型要素随着植物生命周期以及养护情况的变化经历成长、稳定、衰老的过程。生长型要素在尺度、形态、色彩等方面的变化，为街道环境注入了生命的活力。

硬件型和生长型景观要素以外，人和车也是街道景观环境中的重要组成部分，我们把人和车称为流动型要素。人是街道空间的使用者，车是人使用街道过往通行或者到达、离开街道的重要交通工具。对人和车在街道空间的分布、停留时间、数量规模的调查分析、统筹、引导、安排是街道规划设计工作的重要环节。

1.3.4　人际关系要素

以街道为依托的社会交往以及由此形成的人际关系网络，是一个非物质的客观存在。这类网络的主体是工作、居住、生活在街道上的人。这些人通过彼此知道对方在街道的存在、到相互间的相熟，以至于价值观和行为方式的认同而联系在一起❶。位于街道人际关系网中的人互助守望，构成了简·雅各布斯眼中理想的街道环境。建立并发展邻里间的人际关系网，并相应地营建合适的街道尺度，是街道规划设计导则中提倡的原则。

实际生活中有没有以街道为依托的人际关系网是一个需要探讨的问题。随着工业革命以来快速的城市化进程，人际关系形态已经发生了巨大的变化。根据德国社会学家斐迪南·腾尼斯（Ferdinand Tönnies）的观察❷，在19世纪，传统的亲属关系、邻里关系、朋友关系等"自然"的社会联系日趋消退，家庭和邻里的纽带失去了意义，而基于理性意愿的社会关系逐渐显

---

❶ Altman, I., Taylor, D. A. Social penetration: The development of interpersonal relationships [M]. Oxford, England: Holt, Rinehart & Winston, 1973. 奥尔特曼和泰勒（1973年）认为良好的人际关系的建立和发展需要经历四个阶段：①定向阶段——对交往对象的注意，选择和初步沟通等心理活动；②情感探索阶段——随着双方共同情感领域的发现，双方沟通也越来越广泛，自我暴露的深度与广度也逐渐增加；人们的话题仍避免触及别人私密性的领域，自我暴露也不涉及自己基本的方面；③感情交流阶段——人际关系发展到这个阶段，双方关系的性质开始出现实质性变化，此时的人际关系安全的安全感已经确立，谈话也开始广泛涉及的自我许多方面，就有较深的情感卷入；④稳定交往阶段——人们心理上的相容性会进一步增加，自我暴露也更加广泛深刻，可以允许对方进入自己高度私密性的个人领域，分享自己的生活空间和财产。

❷ 张应祥. 社区、城市性、网络——城市社会人际关系研究 [J]. 广东社会科学，2006（5）：183-188.

现。其追随者齐美尔和沃斯进一步勾画出20世纪初倾向于表面化、非情感化的城市社会人际关系，认为人与人之间是相互疏远的，城市居民孤立地生活在人群中。到了20世纪50~60年代，一些理论研究和实地调查研究发现城市社会广泛存在着各种不同的社会圈子或社会小团体，即各种亚文化人口。1960年代中期以来的研究表明，城市人对以地域为基础的物理性城市社区的认同大大减弱，而以居民各种人际关系为基础的网络社区作用则大大加强。这和传统农村社区地域性强的特征非常不同。尽管如此，简·雅各布斯在她60年代出版的《美国大城市的死与生》一书中，论述了美国旧城区的大拆大建破坏了既有的社会网络，街道生活丧失殆尽。而以街道为依托的人际关系网络，正是城市活力的来源。

中国乡土社会是熟人社会，它以血缘关系为基础，而地缘关系在多数情况下与血缘关系密不可分❶❷。最近的研究表明，在中国另一些乡村地区，地缘关系的重要性不在血缘关系之下，是熟人社会的另一种组织形态❸。在以地缘关系为主导的农村，人情往来扮演可以促成"自己人认同"的"内部化机制"，使得面子、信任、规则等在熟人社会内部发挥作用，并且成为熟人社会一个恒定的结构。熟人社会中的人际关系仅仅"熟悉"是不够的，因为熟人社会圈与自己人认同圈并不一定是重合的，一般情况下熟人社会圈大于自己人认同圈。从熟人社会圈到自己人认同圈，还要有更深层次的交往——人情。人情的普遍存在延续并维持了一个特定社区基本的人际交往规则和道德底线❹。

中国的邻居关系，也随着社会发展的脚步发生了翻天覆地的变化。传统社会中对于邻居关系的描述，比如："远亲不如近邻""千金买宅，万金买邻""孟母三迁"等等，已经被一些新的词语来形容，比如，"临居"（表示

---

❶ 费孝通称中国社会结构关系特征为"差序格局"，即中国人际关系网是以血缘为核心向外辐射而成的"同心圆"状格局，是"以己为中心，像石子一般投入水中，和别人所联系成的社会关系，不像团体中的分子一般立在一个平面上的，而是像水的波纹一般，一圈圈推出去，越推越远，也越推越薄"。

❷ 王苍龙（2009）认为，位于最中心位置的是家庭成员、近亲以及少数挚友，中国人在和远离中心的人进行交往时往往要以格局中心地带的人为中介。

❸ 费孝通认为乡土中国的熟人社会由血缘关系主导，地缘关系与血缘关系密不可分。根据宋丽娜（2009）的研究，一些由多元姓氏组成的村落，也存在着熟人社会的人际关系形态，这种熟人社会不是建立在血缘关系基础上，而是依靠地缘关系形成、维持、发展。人情往来是以地缘关系为基础的熟人社会建立熟人圈子或者自己人圈子的内部认同机制。

❹ 王泗通（2016）认为，对南京两个社区的研究表明，"C社区因为彼此之间的熟悉和对社区的认同，使得他们不仅在个人行为方面注意保护环境，并且还时常以管理者的身份做好社区环境监督；而J社区因为彼此之间的不熟悉，在行为上就会顾虑较少，并且有些人即使知道或者看到不好的环境行为发生，也因为一些顾虑而听之任之"。

邻居只是住得很近）、"吝居"（形容邻居之间很吝啬），邻居关系今非昔比，出现了"比邻若天涯""咫尺天涯"等状况❶。邻里关系的变化是整个人际关系改变的一部分，即，"人们的交际行为不再受到血缘、地域的限制，出现了血缘、地缘、业缘和趣缘等更广的交际圈，交际行为具有更多的选择"❷。背后的原因包括：①城市居民社会交往构成的变化；②业缘、地缘同时吻合局面的打破；③居住流动性的提高；④物质生活条件发生转变，比如，居住生活基础设施基本完善，居住条件进一步改善，娱乐消闲方式日益增多；⑤传统习俗的弱化；⑥社会群体与组织的发展还不成熟，而造成的人际互动契机的减少❸。

　　中国城市社区中人际关系的淡化是一个广泛存在的现象❹。街道空间中人际关系状况是研究中的薄弱环节。"居住在同一地方的人们有很强的集体认同和共同体感，人们的地域团结感、忠诚感很强"❺这样的人际关系在多大程度上存在于街道空间，街道人际关系网的主体有什么特点，主体之间的认同方式以及共同关注的问题是什么，是否需要建立、维持、发展以街道为依托的人际关系网，街道的实体空间设计以及规划设计管理的过程如何影响街道的人际关系网络，是进行街道规划设计工作时必须回答的问题。

1.4　街道功能与类别

1.4.1　街道的功能

　　街道的功能是多方面的。

　　第一，作为道路的一种形式，街道需要满足行人以及车辆的通行要求。而通行在街道功能中的重要性，则根据道路在区域路网中的地位确定。比如有快速路、主干路、次干路、支路等交通功能的街道，它们所对应的通行能

❶ 张学东. 从传统到现代：建国以来城市邻居关系的变迁 [J]. 社科纵横，2007，22（5）：58-59.
❷ 王苍龙（2009）认为，当前中国的人际关系中，差序格局依然存在，同时业缘和趣缘群体增多，并随着功利性、理性化、原子化、虚拟化、信息化的变化，异质隔离、时效多样、广泛浅层的特点正在出现。
❸ 马静，施维克，李志民. 城市住区邻里交往衰落的社会历史根源 [J]. 城市题，2007，140（03）：46-51.
❹ 杨卡. 新城住区邻里交往问题研究——以南京市为例 [J]. 重庆大学学报（社会科学版），2010，16（03）：125-130.
❺ 蔡禾. 城市社会学讲义 [M]. 北京：人民出版社，2011：126-128.

力要求各不相同，需要街道在路网中分担的交通组织角色必须与其规划设计的通行能力相匹配。

　　第二，作为城市重要的公共空间，街道有满足居民生活、交往要求的功能。根据扬·盖尔的观察，人们可能由于必要性的活动、自发性的活动或社会性的活动来到街道空间❶。使用街道这个公共空间的人群，不仅仅是因为这个空间能够满足通行的需求而使用它，更重要的是街道空间本身也是一个目的地，比如，沿街道的建筑物里有人们需要的各种商品和服务，街道的使用者因为这些商品和服务，而不是因为通行而来。又如，街道空间有足够的吸引力，因此使用者因为休闲、交友使用这一公共空间。阿兰·B·雅各布斯在他的《伟大的街道》一书中，把街道这一公共空间看作人们户外活动的场所、生意场所、政治场所。Marshall Berman甚至把交流看作人们来街道的最终目的❷。这样说虽然忽略了街道的通行功能，但是街道作为场所的重要性却是一目了然了。人与人在街道这一公共空间的互动，可以在行人之间、行人与驻足于沿街或其他街道空间的人之间，以及双方或多方都驻足于沿街或其他空间的人之间发生。街道空间作为目的地的特质，使其成为一个场所或者"场所制作"的理想环境❸❹。

　　第三，从街道与城市之间关系的角度，街道有体现地方自然特色、文化

---

❶ 扬·盖尔认为：必要性活动是人们必要的生存活动，包括那些略带被动性的活动：上学、上班、出差、购物、饮食等。这类的活动是人们日常生活和工作所需要的，也是形成街道活力的基本行为活动。自发性活动是指人们在有时间和场地，主动意愿参与的条件下发生的。包括大部分休闲和娱乐活动，如散步、独处、赏景、沐日、阅读等。这类活动对外部环境的依赖性比较大，活动的场所需具吸引力，还需考虑天气等因素。自发性活动在构成街道活力中占据重要的地位，因为这样的活动建立在人们自愿的基础上，给人带来的精神愉悦和享受最多。社会性活动是在公共空间内和他人一起进行的社会交往活动。包括交谈、打招呼、集体活动、各类公共活动等。这样的活动往往是由前面两类活动转化而来的，因为徜徉往返于同一公共空间的人们的各种接触和来往并不是独立的，而是相互具有吸引力的，别人的活动，或是不经意的一瞥，都可能引发社会性活动的产生。这意味着增加人们停留在街道中的时间和改善交流条件，能够增加人们相互观察和交往的机会，促使社会性活动的有效发生。

❷ Marshall Berman. All that is solid melts into air [M]. NY: Viking Penguin, 1982.

❸ 克里斯琴·诺伯格·舒尔茨. 建筑——意义和场所 [M]. 黄士钧译. 北京：中国建筑工业出版社，2018. 场所即英文中的place；场所制作即英文中的placemaking。挪威建筑理论家诺伯格·舒尔茨将现象学运用于建筑领域中，建立了一种全新的建筑现象学理论——场所理论。舒尔茨认为：场所是具有特殊风格和明确特征的空间，是具有材质、形状、质感和色彩的具体事物组成的一个整体。它由人、动物、树木、水、城市、街道、住宅、门窗及家具等组成，包括日月星辰、黑夜白昼、四季与感觉，这些物的总和决定了一种"环境的特质"，亦即场所的本质。从更完整的意义上看，只有当场地中一定的社会、文化、历史事件与人的活动及所在地域的特定条件发生联系，获得了某种文脉的意义，"场地"（Site）才能转变成"场所"（Place）（第126页）。

❹ 刘泽煜, 肖玲. 北京路步行街场所精神的探寻 [J]. 华南师范大学学报（自然科学版），2008，121（03）：125-130.

传承以及调节城市结构的功能❶。街道的平面形态和竖向空间反映本地的地貌与自然特征；依附街道空间形成并维系的社会关系网络和构成街道空间的建筑物、绿化、小品，以及建筑物和开敞空间中进行的种种活动，一起反映了不同历史时期的社会经济文化特征。有魅力的街道也往往是城市重要的活动中心或空间边界，它们能够把秩序带给一个城市或街区。而存在于街道空间这一场所的社会关系网络，是探查城市社会资本的一个重要窗口❷。

1.4.2　街道的类别

按照街道要素和功能所呈现的活动特点，街道可以分为商业型街道、生活服务型街道、历史风貌型街道、景观休闲型街道和交通型街道。

（1）商业型街道指街道沿线零售、餐饮等商业服务设施比较集中，具有一定服务能级或业态特色的街道。

（2）生活服务型街道指沿街以服务本地居民、工作者的零售、餐饮、生活服务型商业设施以及公共服务设施为主的街道。

（3）历史风貌型街道是指历史文化、风貌特色突出的街道，包括历史文化街区、历史文化风貌区和各类历史地段周边的街道。

（4）景观休闲型街道指滨江、环湖、临山等景观风貌突出、沿线设置集中成规模的休闲活动设施的街道，主要包括林荫大道、景观街道、临山街道和滨水街道。

（5）交通型街道是指机动车交通功能强、交通量大，非交通性活动较少，以非开放式界面为主的街道。

---

❶ 根据"交通言究社"公众号2019年4月1日发布的《陈小鸿：新阶段下完整街道设计的重点和方法有哪些？交通综合治理又该如何进行？》文章，陈小鸿教授认为城市街道承载的城市功能大致有六个方面："**展现城市形象**，街道是城市外部形象的重要载体，人们通过街道的空间与形象来认识城市；**保护传承风貌历史**，街道是城市历史、文化的重要载体，城市的发展变迁轨迹都深深地烙印在街道之中；**改善城市环境**，街道绿化可以与街道铺装相结合，共同降低城市热岛效应，使城市免于暴雨洪涝的威胁，增强城市的气候环境适应性；**促进绿色交通**，更加便利、舒适、安全、活动丰富、适宜步行的街道与街道会大大鼓励市民选择步行、骑行或公共交通出行；**构建宜居生活**，街道是城市最具活力的公共空间，能够促进交往交流与邻里生活，构建和谐的邻里关系，激发整座城市的活力；**推动经济发展**，提升街道的步行适宜性，可以激发富有活力的街道生活，增强社区吸引力，进而带动周边土地商业价值提升，增加就业岗位"。

❷ Putnam, R. D.. Making Democracy Work:Civic Traditions in Modern Italy [M]. Princeton: Princeton University Press, 1993. 根据Putnam（1993），社会资本（social capital）是指社会网络以及个人之间的联系，包括有关互惠与诚信的规范。

1.5 中西街道的差异

每条街道都有自己特定的地理位置、文化背景、发展历史、使用人群，比较这些方面时，无论是把中国的一条街道和外国的一条街道对比，还是把同在一个城市而互为邻居的两条街道对比，都不难罗列出一大堆不同之处。本节的目的不是罗列总结那些具体的差异，而是重点指出并说明中西街道两个主要不同的地方（表1-1）。第一，街道空间作为公共活动的场所起源于中西方国家对这些空间的不同需求。第二，街道空间作为通行的道路在采用不同交通方式时的时间点不同。尽管今天中西方国家都在进行街道品质的研究、提升工作，它们所面临的问题、背后的影响因素以及解决方案路径则不尽相同。认识中西方街道的主要差异，可以帮助在中西街道设计交流对话时更有效地找到可资借鉴的外部经验。

中西方国家街道在场所空间需求和道路空间转变方面的主要差异　　表1-1

地域	街道作为场所	街道作为道路
中国	始于宋朝；以商业活动为主	引入西方国家先行的新交通工具；引入西方国家实施的交通规则并将其本土化；进入新技术发明使用的先行国家行列
西方国家	始于希腊城邦；以公众聚会为主	自工业革命以来，新的交通工具如自行车、机动车进入街道空间；制定和实施交通规则

注：表格为作者绘制。这里所说的西方国家，是一个笼统的概念，一些欧洲国家和北美洲、大洋洲的国家都算在内。这些国家政治上实行民主制度，经济上是市场体制，生活水平上属于发达国家。

1.5.1 商业活动与思想交流

中国长期农业文明和威权统治的结果，使其街道作为承载供人们互动的场所功能从宋朝（公元960~1279年）才开始。宋朝城市经济欣欣向荣，商业活动达到前所未有的繁荣景象。城市管理使用"街巷制"，街上出现了街市和临街商业建筑，有商店、当铺、手工作坊及酒楼餐馆等，巷则类似于今天的"胡同"。街道既是城市商业贸易和商品生产的重要场所，也是人们进行各种交往活动的城市生活场所。开放的、多样的城市生活广泛分布在街道上，人们在街上进行各种交往活动，"街谈巷访"，"逛大街"，看集市，摆摊设点等等，张择端的《清明上河图》对宋朝城市街道生活栩栩如生的描绘，刻画了当时城市兴起后街道的繁华场景。

宋朝之前自秦汉（秦朝存在于公元前221到前207年；汉朝始于公元前206年，终于公元220年）开始，城市使用"里坊制"管理，城市居民不允许对着街道开门开店，那时候的街道仅是让人、车通行或提供庆典活动的单一空间，有道路的功能而无场所的功能，这表现了早期中国城市中无"街"的事实❶。里坊形制发展到唐朝，达到了极致，典型的例子是唐长安城。长安城规模宏大，布局规则严谨，是当时世界上最大的城市，容纳有百万人数。其道路的规划，东西大街9条，南北大街12条，每个街坊里又使用十字街组织内部交通，构成密布的方格网❷。宋朝废除里坊制而使用街巷制，使用城市街道在一定程度上使城市由内向、封闭演化为外向、开放。但与西方城市相比，沿街住宅还不是面向街道，而是背向街道——沿街住宅往往作为住宅组团的一部分，门向组团内开，从而形成临街但住宅单元又不向街道直接开放的实体形态。

西方国家沿街住宅向城市街道直接开放，出家门就进入街道空间是一种普遍的活动形态。这极大地增强了居民利用街道空间交流互动的机会。同时，古希腊（公元前776~前146年）的市民民主社会理念也在街道上交流互动中发展，把古希腊的街道变成市民议政的公共空间。人们在这里交换信息、观点，并寻求共识。尽管城市布局有所变化，街道的场所属性在古希腊、罗马、中世纪时期的城市中一直延续下来❸。14世纪以来，四轮马车的使用，以及运输火炮的需要，加上文艺复兴以来对大尺度、形式主义的追求，淹埋了许多城市原来丰富和有趣的空间，使街道作为公共场所的魅力有所丧失。但与二战结束后快速机动车道对街道场所空间功能的冲击相比，之

---

❶ 中国城市有路无街的模式由来已久，但无详细记载。中国的城市建设活动远在夏（公元前2070~前1600年）、商朝（公元前1600~前1046年）就开始了，城市建设的一些规制在春秋战国时期（公元前770~前221年）已有完整的记载，如《周礼·考工记》中有"匠人营国，方九里，旁三门，国中九经九纬，经涂九轨，左祖右社，前朝后市，市朝一夫"，"经涂九轨，环涂七轨，野涂五轨"，"环涂以为诸侯经涂，野涂以为都经涂。"当时"棋盘式"的空间格局来自农业社会制度下的"井田制"。而街道的尺度则代表了使用者的社会等级。

❷ 这种规划形式还影响到了后来日本京城的规划。

❸ 古希腊城邦的街道追求与自然地貌之间的和谐与对应关系，不强调人为的几何形状，而强调视觉与空间关系及城市所象征的神圣地位。罗马帝国时代的城邦，其道路系统开始具有规则的几何形状，体现了罗马社会存在的内涵以及罗马人征服和统治世界的野心。中世纪的城市空间形态比较封闭，街道和广场系统不规则，人们认为城市是自然"生长"起来的，而不是预先设计好的。街道系统应步行和小型运载工具的要求而得到进一步的发展，此时的街道空间尺度相对狭窄、曲折，贴近人的尺度，有良好的景观视觉享受，是人们日常生活的公共场所，行人能在街道空间中自由穿行和活动，还能满足当时有限的城市交通。

前的破坏微不足道，因为以马车的速度和通行频率，还不足以停止大多数人在街道上的自由活动。二战后快速机动车道的建设，特别是在美国的城市中，彻底地撕裂了街道的场所空间。20世纪60年代由简·雅各布斯领导的反对旧城更新以及破坏邻里和街道环境的高速路建设的运动，为今天设计以人为本，而不是以车为本的街道场所奠定了基础。

1.5.2　增长与停滞的机动化过程

在技术发明与新交通工具使用方面，中国自工业革命以来落后于西方国家是一个不争的事实。自行车、有轨电车、小汽车都是在工业革命先行的国家发明出来，并应用、传播到其他地方，包括中国。道路的路权划分、通行规则，以及相应的路面铺装标准、信号控制系统也随之创作出来。中国在19世纪中叶至20世纪中叶的百年里，积贫积弱，在道路建设以及出行的机动化方面改变甚微。虽然自行车、有轨电车自19世纪末出现在北京、上海等大城市，但远未得到广泛使用。1949年中华人民共和国成立后，国家采取先生产后生活的发展策略，城市基础设施，包括城市交通，发展缓慢。在70年代，生活用品的匮乏使得自行车处于短缺商品的行列。当时自行车是婚嫁购置品单上的高级物品❶。至1980年代，自行车才大规模地用于普通人的出行。自行车在中国城市出行中的广泛使用，也为中国带来了"自行车王国"的称号。从全球的角度看，自行车的普及早在20世纪初就已经出现在好几个西方国家了。欧洲国家如荷兰和丹麦，在二战以前已有"自行车上的国家"的称号。日本在二战结束后的一段时间里，特别是20世纪50年代，也被描述为"自行车国家"。就连小汽车发明使用最早的美国，其20世纪初也经历了一股推动自行车出行的浪潮。欧洲城市集约化的城市形态、发达的公共交通设施以及使用自行车的传统奠定了目前把以小汽车为主导的城市出行方式转化为以公交和慢行交通方式为主导的可持续交通方式的基础，也为这个转变指明了方向。

小汽车在中国普及是20世纪90年代才开始的。在短短的20多年的时间里，小汽车已经改变了中国城市的出行方式。路权的使用也随之发生了重大的变化。慢行交通设施，比如人行道和自行车道正不断地让位于机动

---

❶ 当时的"三转一响"包括自行车、手表、缝纫机和收音机。

车。自行车的使用量也从90年代中期一路锐减。与此同时发生的是城市道路拥堵、空气质量恶化，随着人们对环境和健康重要性的进一步认识，控制小汽车使用，转变以小汽车为主导的出行方式正得到中国政府和越来越多民众的重视。发展人性化、环保、健康、可持续的城市交通模式的呼声在中国正不断得到响应。中西方城市在交通机动化方面发展的路径走到了一个共同点上。中国城市在引进、学习、本土化源于西方国家的交通技术发明、创造、应用的同时，也在探索用于未来的一些交通方面的发明。对有些技术的探索，中西方国家已经站在同一条起跑线上。比如，无人驾驶以及电动汽车的研制，中国正和西方发达国家一样把它们作为汽车工业技术革新的重要方面。

尽管中国的交通机动化在短短的二三十年的时间里走过了西方国家半个多世纪所经历的过程，中国城市和街道空间所面临的问题并不和西方城市及街道所面临的问题完全相同。决定街道空间品质的社会经济发展水平、产权与法治的基础、规划设计施工建设质量、维护运营管理水平等都还有中国特色。这无疑为在街道品质提升工作中正确认识西方国家的经验，根据本国实际进一步创新提供了条件。比如目前热门的"完整街道"概念，以及简·雅各布斯关于以街道为依托的紧密邻里关系的规划诉求，在我国街道空间的表现形式、应对策略以及对城市的影响都有别于国外的情况。

1.6 小结

街道既是道路又是场所，既是物质空间又是社会空间。产权与规划制度、空间活动范围、景观感知和人际关系是构成街道的基本单元，它们从法律规范、活动功能、心理感受、社会交往四个方面，共同影响着街道的兴衰与活力。满足居民生活、交往要求，满足体现地方自然特色、文化传承以及调节城市结构的要求是一条街道最基本的功能，街道由此可以分为商业、生活服务、历史文化、景观休闲以及交通街道五种类型。这些都是街道品质的研究、提升工作之基础。

此外，考虑到中西方将街道空间作为公共活动场所的出发点不同，以及作为通行的道路在采用不同交通方式时的时间点不同，因此所面临的问题、背后的影响因素以及解决方案路径则不尽相同。认识中西方街道的主要差异，为在街道品质提升工作中正确认识西方国家的经验，根据中国实际进一步创新提供了条件。

第 2 章
街道品质

2.1　街道品质的主观性

　　街道品质是人们对街道质量的评判。这种评判主要来自街道使用者，对其进行的总结与表达则多数来自街道的规划设计人员、管理人员以及研究人员。高品质的街道通常能给评判者满足感，比如使用者有机会得到愉悦的使用经历、规划设计管理人员有机会欣赏一个满足规划设计管理条件，有社会属性的空间产品。高品质的街道具备高质量的街道要素以及高水平实现其功能的特点。比如，作为要素之一的人，绝大部分行为符合社会规范❶；街道建筑、设施、绿化干净整洁，维护良好；街道要素在密度、空间尺度、色彩配置等方面安排妥当；路权分配清晰、通行顺畅；街道使用者之间关系融洽，持有并不断积累丰富的社会资本。低品质的街道则相反。本书也把高品质的街道称作品质街道。

　　作为一种评判，街道品质有其主观性❷。个人使用街道空间的目的、对自己经历的预期、使用该空间时的经历以及该空间设计的幕后理念，都会影响一个人所得出的判断。比如，一个逛街买东西的人，可能期望街道旁的商店有足够的多样性，商店的数量和商品的丰富程度会影响这个人对该街道品

---

❶ 街道上有各种类型的使用者，如上班族、自由职业者、退休人士、学生、情侣、残障人士、乞讨者等。这些不同类型的人本身就形成了一道风景，使街道充满活力。绝大部分行为符合社会规范是人们愿意使用街道，特别是愿意驻足互动的保障。

❷ 简·雅各布斯. 美国大城市的死与生 [M]. 金衡山译. 南京：译林出版社，2006. 雅各布斯认为对街道的评判是一项困难的工作，需要规划设计人员和研究人员不断的探索。

质的评判。而一个重环保的人，可能会对倡导低碳交通的街道设计理念赞赏有加，对路权分配、限速要求以及信号设置特别看重。使用慢行交通工具的路人和驾车出行的路人对同一条街道的品质评价也可能会大相径庭。另外，街道品质是社会、经济、技术发展的产物，人们在不同历史时期对街道的要求和期望也是不一样的。比如，在积极推动以私人小汽车为主要交通方式并处于机动化初期的地区，在路权分配和道路管理中保障汽车的通行能力是品质街道的特征；而在推崇可持续发展交通模式的地区，社会的共识则是品质街道应该控制小汽车的速度，并把有限的道路资源向有利节能减排的自行车道路系统倾斜。

2.2　影响街道品质的因素

描绘伟大街道的文献中还没有一个系统的街道品质评价指标或方法❶。研究街道品质评价指标或方法也不是本书的目的。以下是基于对街道要素、街道功能和街道品质的理解，从"以人为本"的原则出发，所提出的影响街道品质的主要因素。这些因素体现了评判街道品质应该着重的三个原则，即，人通过使用街道空间达成使用者自己特定的功能诉求，在使用过程中有一个愉悦的体验，能够体会街道空间中可能包含的环境友好或社会公平理念。

2.2.1　承载街道功能的能力

通行、互动以及承载城市层面（如地方自然特征、历史文化、空间结构）的功能是街道空间的主要任务。品质街道需要通行顺畅；有适合具体街道类型的活动（如商业店铺）；有良好的驻足、交流的空间和相应的设施（如自行车停车点、座椅、小品景观等）；其建筑、小品以及景观设计（如视觉廊道）需要体现地方自然、历史文化特色在空间和时间上的延续。

通行顺畅需要合理的交通规划和道路资源分配与管理，也需要所有街道使用者遵守规则。交通规划分析交通需求、流量以及相应的交通方式，对道

---

❶ 阿兰·B·雅各布斯. 伟大的街道［M］. 王又佳等译. 北京：中国建筑工业出版社，2016. 书中认为一条好的以场所为主要功能的街道应该有助于邻里关系的形成，舒适、安全，鼓励公众参与，给人印象深刻，并且是其他街道的典范。

路资源和交叉口进行设计安排，并划分相应的路权、建立信号控制机制。使用者则需要按照道路资源分配的方案在街道上活动。规则无疑给街道使用者带来约束，比如，在通行功能需求大的街道，随意穿越街道会受到限制。这种限制保证了通行功能的顺畅，但降低了街道作为场所凝聚人气、方便互动的功能，行人不再能自由穿越街道，不管是过街去和熟人交谈，还是去买一杯饮料。通行功能与场所功能对于街道品质的影响随着不同的街道类型而变化。场所功能强大的街道，其通行功能会比较弱；而通行功能强大的街道，其场所的功能会比较弱。品质街道需要处理好通行功能与场所功能这种互相依存的关系。此外，经过时间沉淀的城市建筑沿街道依次排开，它和街道历史事件一同为物质化的街道空间注入了内涵，向街道使用者展示着城市的思想与文化。

2.2.2　提供愉悦体验的能力

作为活动的场所，品质街道提供空间体验的愉悦感。愉悦的体验来自于舒适的活动、放松的心情和美好的视觉。

（1）活动舒适

能够让街道使用者无论是通行还是在公共空间驻足、互动都感到舒适，会带来愉悦的体验，从而创造好的街道品质。这需要地面通行部分有相应的空间设计、平坦协调的铺装材料以及高标准的日常卫生清洁和维护。街道沿线需要有合适的休息空间。能够遮阴的树木以及挡雨的廊道也会在特殊天气时改善活动的舒适度，提升街道的品质。

（2）心情放松

心情放松的体验来自于安全感。安全感就是街道能够为其各类使用者提供一个安全的物质环境，保障他们在街道上有信心安全地活动。安全感通过活动安全、交通安全、灾害安全、防卫安全四个方面获得。活动安全需要消除可能危及行为安全的事故隐患。在做步行环境的设计时确保日常步行时免于跌伤、摔落等的威胁；另外，通过对街道的空间环境整治，使人们在街道内活动时不会被砸伤或被其他意外事故波及。

交通安全的重点是步行安全。运用人车分离措施，将机动车阻隔于步行街区（如商业步行街等）之外，或者通过人行天桥和过街地道等立体交通方式建立步行联系，是达到步行安全广泛应用的手法之一。而对于人车共存状态的行人安全，可以通过合理的街道设计做到。20世纪70年代，荷兰首先提出的贯彻人车共享原则的"共享街道"理念，就是一个成功的例子。"共享街道"使用"交通宁静"的技术手段，在确保步行优先的前提下，对街道曲直宽窄等物质形态要素、树木花池等自然障碍物、路面铺装的色彩质感等重新设计，促使驾车人集中注意力，降低车速，避免事故发生。

防灾安全要求街道作为城市防灾的一个具体实施空间，既要顾及城市防灾网络的完整性，又要提升自身的防灾能力，降低灾害风险。街道设计必须从整体的空间规划和设计角度出发，通过街道空间形体和环境要素的组织与设计来减少建成环境的灾害弱点，提升街道防灾空间品质，创造一个从城市街道网络到街道再到建筑场地的系统性的防灾空间。

街道防卫安全设计需要从犯罪行为和恐怖袭击的类型、实施过程、实施方式等特征出发，结合空间景观要求划分防御空间层次，并通过对建筑布局、空间形态、道路结构、绿化种植、照明和环境小品设施以及摄像和闭路电视等安全技术设备定位等要素的整体设计，提高视线监控能力，形成建筑安全缓冲区，设置实体障碍，移除可能被恐怖分子利用的道路和完善道路进出口管制，提升街道的防卫安全感。

（3）视觉美好

品质街道在视觉效果方面具体表现为有活力、视觉丰富、细节美好的空间。充满活力的街道空间通过街道界面的围合与开敞、建筑的多样性、风格色彩的连续性等特点创造街道空间的形式美。但是，街道空间本身并不会带来活力。街道的活力主要来自街道空间中形形色色的人们和他们进行的各种互动❶。扬·盖尔的研究发现，自发性活动在构成街道活力中占据重要的地位，因为这样的活动建立在人们自愿的基础上，给人带来的精神愉悦和享受最多。另外自发性活动容易转化为群体性的社会性活动，容易产生街道活力。活力街道为创造视觉丰富的街道空间打下了必要的基础，在合理的功能定位下，将街道各种视觉构成要素，如沿街界面、景观绿化、街道设施等进行有机地组合以及精细化设计，可以让使用者获得心理和精神上的愉悦、共

---

❶ 克里斯琴·诺伯格·舒尔茨. 建筑——意义和场所 [M]. 黄士钧译. 北京：中国建筑工业出版社，2018. 挪威建筑理论家克里斯琴·诺伯格·舒尔茨（Christian Norberg Schulz）认为街道场所精神即人们所在场所空间的总体气氛，是街道活力之所以能形成的一大因素。场所把人们的生活状况具体化，并体现和揭示人们的生活状况气氛。对于街道来说，场所精神就是街道的总体空间氛围，包括物质空间要素、人文活动要素、历史文化积淀等。

鸣。通过街道设施的全过程精细化设计和高标准建设，打造细节美好的街道，营造良好的宜居环境。

2.2.3　健康城市理念

品质街道在功能和愉悦体验之外的另一个重要特征是通过街道空间反映其规划设计以及运营管理符合并发扬光大环境友好和社会公平的理念。通过绿色生态设计以及利用再生能源，可以减小建成环境对生态系统的影响，在达到设计目的的同时使得资源消耗最小化、环境影响最小化、重复利用最大化。使用太阳能路灯、最大限度地使用本地植物、结合雨水净化收集的街道小品设计等都是能够让使用者体会环境友好街道的有效手段。提供方便残障人士出行的坡道、精心设计残障人士友好的街道家具小品、协调街道形象以确保其融入周围的社会经济及实体环境等，则是街道空间体现公平正义的有效手段。

2.3　目前中国街道品质存在的主要问题

中国城市街道品质存在的一些亟待解决的问题，可通过梳理中文期刊中有限的关于街道规划设计的文章得出。根据中国知网的数据，至2019年1月初，共有169篇文章涉及至少街道规划、街道设计、街道改造以及街道转型这四个关键词之一。绝大部分文章发表在建筑工程类期刊上，少部分在交通运输类或者人文社科类期刊上（见表2-1）。发表相关文章最多的期刊是《城

学术期刊上有关街道设计文章的发表情况（1987~2018年）　　表2-1

关键词　＼　学科类别	建筑工程类	交通运输类	人文社科（含政治经济管理）
街道规划	12	1	2
街道设计	85	23	3
街道改造	32	3	2
街道转型	2	0	4
总计	131	27	11

注：作者根据2019年1月CNKI查询结果整理。

市交通》和《山西建筑》，分别13篇，《城市规划通讯》和《规划师》则分别发表了8篇相关文章。《城市规划学刊》和《城市规划》分别发表了1篇和2篇相关的文章。

从发表时间上看，文章的数量呈总体上升趋势。2017年和2018年最多，分别达到29和36篇（图2-1）。

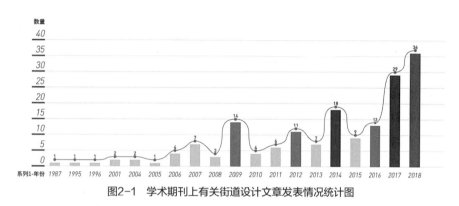

图2-1　学术期刊上有关街道设计文章发表情况统计图

分析这些文章可以总结出中国城市街道品质上存在的一些主要问题，包括通行能力差、缺少人性化特征、景观环境品质不高等。

2.3.1　街道通行能力差

但凡有关街道品质现状分析等的文章，都会把交通混乱提出来作为一个主要的现状问题。例如，武汉市中山大道改造前存在的一个主要问题是"街道上人车冲突处处可见"[1]；沈阳市青年大街品质改造需要解决的首要问题也是交通混乱的问题："……青年大街全程禁左转，与其相连接的二级或是更低级别道路不得不通过禁转或是缩短信号周期来确保青年大街车辆通行数量。这种绝对的等级优先制度却给低等级街道带来诸多不便。低级街道经常因为等待信号灯过长造成交通堵塞甚至瘫痪。此外，随着近些年私家车数量大幅度增加，青年大街的车速也逐步递减……上下班交通高峰时段堵车现象在沈阳也开始屡见不鲜，而且愈演愈烈。有时，由于全线禁左转，在青年大街上一些目的地在路左的车辆或是不熟悉地理位置的外地车辆不惜冒险非法

---

[1] 蔡琳. 武汉市中山大道街道活力研究评价 [J]. 价值工程, 2018,（4）: 207-208.

调头，经常造成交通堵塞，甚至惨剧的发生。……行人、自行车、电动自行车混在一起通行时，不得不彼此戒备，让交通条件变得紧张忙碌，又充满危险。……由于青年大街封闭路段较多，信号灯间距较远，有时非机动车人群和行人不得不反向行驶一段路程才能抵达信号灯或是过街天桥、地下通道转移至街道对面，这无疑为原本已经比较混杂的人行道又设置一道关卡，使路况更加复杂和恶劣"❶；而丹阳市新民东路的改造，则完全针对交通问题："①新民东路—云阳路是老城三条跨运河的通道之一，通过性及集散性交通混杂，压力较大；②新民东路沿线开口数量较多，过街设施间隔较小，侧向干扰严重，道路运行效率较低；③新民东路慢行空间不连续，建筑退让距离较小，沿街步行环境较差；④新民东路目前为水泥路面，局部路段的路面有一定的破损，通行条件较差；⑤麻巷门桥年久失修，宽度不足，与道路通行能力不匹配，形成'蜂腰效应'"❷。

2.3.2　缺少人性化特征

缺少人性化特征是另一个目前备受批评的街道品质。在设计理念、空间尺度、邻里关系、街道要素和街道管控等方面均有所表现，包括街道功能过度向机动车通行倾斜从而弱化了步行交通，街道尺度过大难以形成人性化空间，街道的机动车通行功能割裂了社区并阻断了人们对城市往昔的记忆，街道要素布局管理不当造就低劣的环境品质，人流车流过度拥挤而丧失了街道让人放松心情的魅力。

（1）街道功能过度向机动车通行倾斜从而弱化了步行交通

在以小汽车为主导的交通规划思想影响下，街道的功能已由通行与场所并存化为纯粹的道路交通功能。街道的服务对象聚焦于车辆，设置多车道路幅宽的机动车道，并在交叉口采用较大的转弯半径，这使得车道上和转弯处的车速都比较高，直接影响行人过街安全❸。人在街道上活动俨然成为在各种汽车所形成的海洋里穿行，不得不时刻小心翼翼，左顾右盼，提防被碾压、碰撞和冷不丁地被按喇叭警示，这使得人的心理高度紧张，而在街道上

❶ 杨小舟. 城市街道设计的人性化现实表达——浅析沈阳青年大街规划设计的问题与对策［J］. 美术大观, 2012,（5）: 126-127.

❷ 王磊, 王鹤, 于是华, 纪书锦. 基于街道设计理念的道路规划方案研究——以丹阳市新民东路改造为例［J］. 江苏城市规划, 2018, 284（07）: 24-30, 44.

❸ 赵宝静. 浅议人性化的街道设计［J］. 上海城市规划, 2016,（2）: 59-63.

的活动受到莫大的限制。对许多人而言，如若不是必须使用这条街道，一定不会来此。这样的街道对因自主性和社会性原因而使用街道的人群完全没有吸引力。

（2）街道尺度过大难以形成人性化空间

街道空间尺度超大是目前存在的一个普遍性问题。表面上的原因是为了满足城市交通的需要，设置数量多而且路幅宽的车道。比如，现状车道多为3.25~3.5米，而合理车道宽度应该在2.75~3.25米之间[❶]。更深层次的原因可能和地方政府某些领导追求政绩有关——宽阔的街道通常展现一个好的城市形象，也带来更多的GDP增长，这无疑帮助地方领导人展示其发展地方经济的雄心壮志及良好成果[❷]。领导的意志往往通过规划师的方案传达出来，并配以为未来城市发展的需求预留交通用地的解释，把本来可以做得舒适和谐的尺度改为"光明大道"以呼应时代的要求，体现时代的精神，产生令人振奋和鼓舞的效果。可是，被这些口号湮灭的是更多实际的人性需要。街道在巨大的尺度下显得冷漠孤立，街道空间的围合和封闭感荡然无存。街道将城市区域划分开来，过度宽阔的街道往往制造出新的城市边缘，将两侧的建筑隔离成为独立的地界，成为现状的孤立空间。

（3）街道的机动车通行功能割裂了社区并阻断了人们对城市往昔的记忆

凸显街道通行功能的路面部分往往破坏街道的场所功能，割裂城市社区，改变城市由历史传承下来的城市空间形态和肌理[❸]。高速公路、高架桥和立交桥凌驾于街道之上，在改变着街道面貌的同时也改变了城市的形态。城市许多传统的富有历史性和特色的老街被改造成一条条和原来的肌理格格不入的全新的汽车通道。街道已唤不起人们对城市的回忆，这样的街道割断了城市原有的形态，也割断了人们对城市往昔的怀恋。

（4）街道要素布局管理不当造就低劣的环境品质

街道人行空间不足、缺乏或者无序设置公用实施、街道要素维修保养不及时是另一个常见的造成街道品质低劣的原因。街道人行空间不足会使空间局促，这通常会由人行空间被机动车或非机动车道、停车位以及经营活动和市政设施挤占造成，其结果是步行活动受阻且不连续。部分街道步行空间的

❶ 赵宝静. 浅议人性化的街道设计 [J]. 上海城市规划, 2016,（2）: 59-63.
❷ Han SS. Urban expansion in contemporary China: what can we learn from a small town? [J]. Land Use Policy, 2010, 27（3）: 780-787.
❸ Graham S, Marvin S. Splingtering Urbanism: Networked Infrastructures, Technological Mobilities and the Urban Condition [M]. New York: Routledge, 2001.

公用设施无序设置，例如变电箱、信号控制箱、窨井盖等突兀地出现在人行道上而与其周边的其他街道要素不协调，会破坏街道空间、影响街道美观[1]；步行区域缺乏座椅等休憩设施，行人无处休息，降低了行人驻足互动的可能性；"人行道和非机动车道缺乏行道树等遮阴设施，路灯、垃圾桶、电话亭、座椅等城市家具的设计品质不高等问题，都成为影响街道环境品质的重要因素"[2]。

（5）人流车流过度拥挤而丧失了街道让人放松心情的魅力

品质街道因其场所功能以及承载的历史文化内容而具有极大的吸引力，但由此带来的过度拥挤也会反作用于街道的品质，使其作为城市主要公共空间的魅力逐渐地丧失。历史上伟大的街道正面临挑战，或是因为过度的"人头攒动"，或者交通功能的过度加强，而使人们的活动范围和类型受到局限，导致过往的许多欢乐景象踪影难觅。当代城市已经有太多的街道留给人车流、人流和广告之海的印象和记忆。人们对繁华都市街道的定义似乎正被这样的景象所取代。其结果是这些少数的品质街道，一到节假日游人的密度便会骤增，这些街道热闹过度，而街道场所那份宜人和放松的趣味荡然无存。街道使用者不再有一个轻松的氛围休闲互动，也不能静下心来欣赏建筑空间环境，甚至是街道橱窗里的展示品。他们更多的是过来蜻蜓点水一般地完成出行的目的或凑凑热闹而已。由此直接产生的影响便是城市活力的丧失和城市特有魅力的消退。

2.3.3　景观环境品质不高

景观环境品质不高是第三个备受批评的街道品质问题，表现在三个方面。

第一，沿街建筑凸显自身风格有余而与相邻建筑及地方历史文化关联不足。这就造成了沿街单体建筑成为开发商或建筑师竭尽全力展示自己作品的载体，各建筑物相互之间争奇斗艳，导致景观环境缺少浑然一体的效果，没有城市文化的底蕴，只有急功近利的浮躁。沈阳市青年大街改造的"金廊工程"体现了这种单体建筑展示的做法："以往规划整齐的居住社区被现今一个个风格迥异的商业建筑取代，曾经亲切朴实的砖混墙面也都被波光反射的玻璃幕墙取而代之。一栋栋摩天大楼拔地而起，一而再再而三地挑战高度给

[1] 蔡琳. 武汉市中山大道街道活力研究评价 [J]. 价值工程, 2018, (4): 207-208.
[2] 赵宝静. 浅议人性化的街道设计 [J]. 上海城市规划, 2016, (2): 59-63.

人们带来的感官刺激；现代建筑也当仁不让地占据着有利的位置，与其说它们是青年大街上的节点建筑，不如说是高技派的现实作品陈列展示"❶。这种现象的背后是城市设计与管控在街道品质提升过程中的缺失，也反映了市场经济条件下追逐资本利益对房地产存量的影响，究其再深层次的原因，是政绩工程、形象工程和面子工程。

第二，街道界面缺少设计或设计水平较差是造成街道景观环境品质不高的另一个重要原因。街道界面指街道的轮廓，其构成元素、色彩搭配和尺度比例呈现了街道的形象。这些形象因街道性质不同，而有不同的风格。构成街道界面的元素不只包括两侧的建筑物，还包括街边的店面、招牌广告、车站展示箱（板）、路灯等设施，用来分隔车道的栅栏、供人们休息的座椅以及植物、草坪、景观小品等❶。如何使用这些元素，设计建设出优质的街道界面，是对规划设计师的挑战。"很多街道沿街界面，尤其是居住、学校、办公等街区，往往通过'围墙'来保障私密性和安全，这使街道两侧界面形式单一，步行距离长且空间缺乏变化，无法承载丰富多样的公共交流活动，给人以枯燥乏味的步行感受，造成街道活力不足"❷。而采用相同的栅栏、路灯等要素街道界面的连续性，往往难以做到有特色。沈阳的"青年大街沿线较长，两侧界面涵盖的元素比较繁多。……不论是从功能上还是形式上都为街道两侧的界面设计设置了错综复杂的前提。……（这里）每一幢建筑都自我地耸立在街边；每一块招牌广告都花枝招展着努力地吸引行人的眼球；每一棵树都笔直地树立着。街道上每个元素都独立存在，之间没有相互协调，没有相互验证，更没有主次关系"❶。

第三，街道绿地系统缺少整体规划。这造成与街道相关联的"点"状小块绿地、"线"状景观绿地、"面"状公共绿地各自孤立，缺乏统一，植物选择缺少设计，使得绿化这一重要的景观要素与街道的类型脱节，不但不能帮助建设有文化内涵的街道，还会对街道的环境带来负面影响。上海陆家嘴中心区的街道绿化反映了上述问题❸。这里"以樟树、银杏为行道树的世纪大道、以悬铃木为行道树的区内各道路，以及大面积草地为特色的陆家嘴中心绿地之间三者缺乏呼应衔接，……规划的各条特色街道：雅皮士街、商业步

❶ 杨小舟. 城市街道设计的人性化现实表达——浅析沈阳青年大街规划设计的问题与对策 [J]. 美术大观, 2012,（5）: 126-127.

❷ 赵宝静. 浅议人性化的街道设计 [J]. 上海城市规划, 2016,（2）: 59-63.

❸ 刘滨谊, 余畅, 刘悦来. 高密度城市中心区街道绿地景观规划设计——以上海陆家嘴中心区道路绿化调整规划设计为例 [J]. 城市规划汇刊, 2002,（1）: 60-62, 67.

行街、手工艺品街、黄金钻石街等，也并未通过植物造景来进行强化、展现和补充，……区内植物种类单一，四季景相变化不明显。行道树清一色是悬铃木，隔离带则是简单地以小叶黄杨为绿篱，再间植灌木球，都显得单调呆板。……在植物配置时对植物的生态问题考虑太少：……落叶树和常绿树组成不成比例。所有乔木均采用悬铃木，一到冬季区内所有树木纷纷落叶，……未经处理的悬铃木长成之后，到4～5月份就会飞毛满天，……对不良立地条件采取的措施不足，浦东地区土层较薄，大型乔木在此栽植往往生长不良，需要采用一定的土壤深填措施。同时，……须考虑采用各种类型的乔木支架。例如，东城路周边建筑密集，阳光不足，在此地段应尽量采用弱阳性或阴性植物，而非广玉兰之类的强阳性植物"❶。

2.3.4　其他影响街道品质的规划设计问题

街道上的商业活动雷同、商品单一，街道建筑风貌与周边街道脱节，街道通行能力与区域交通网络要求不匹配等，也对街道品质产生负面影响。比如改造前的武汉市中山大道，沿线商业虽极具规模，但业态低端❷；沈阳市的青年大道的华丽装饰与其周边街道的市井景象形成鲜明对比，给人以与生活脱节的感觉❸。不论是武汉的中山大道还是沈阳的青年大道，其改造前的通行能力都不能满足城市路网对街道本身的要求。

以上三个影响街道品质的规划设计问题，涉及街道作为场所（商业活动的多元化）、道路（通行能力）以及人们使用时的愉悦体验（街道风貌）。提升由这些方面而决定的街道品质，需要把街道置于城市。

2.4　小结

街道品质因其主观性差异而难以对其形成精准的评判。街道之存在即为人所用，本文基于"以人为本"理念的视角，从街道组成要素、街道承载的

---

❶ 刘滨谊，余畅，刘悦来. 高密度城市中心区街道绿地景观规划设计——以上海陆家嘴中心区道路绿化调整规划设计为例 [J]. 城市规划汇刊. 2002，(1)：60-62，67.

❷ 蔡琳. 武汉市中山大道街道活力研究评价 [J]. 价值工程，2018，(4)：207-208.

❸ 杨小舟. 城市街道设计的人性化现实表达——浅析沈阳青年大街规划设计的问题与对策 [J]. 美术大观，2012，(5)：126-127.

功能两个维度对街道品质进行界定。认为品质街道需要全要素的合理布设，兼顾交通和场所功能，表达城市文化情感，以期对街道使用者提供精神层面的愉悦感受。

街道是一个复杂的城市公共空间载体，人、自行车、机动车基于不同的目的，建筑、设施、景观基于不同的功能存在于街道之中，他们因本身属性的差异被安排到有序的空间格局中，动态的人和车行走、观察、停留、交往于此，凸显出城市的活力；静态设施和景观陈列其中，展现着城市的品格。

品质街道需要城市规划者的远见卓识、需要设计者的细腻情怀、需要使用者的规则意识、需要管理者的精心呵护，它是城市人的基本生活空间，需要物质层面的品质基础和精神层面的情感愉悦。

第 3 章
街道品质提升

3.1 街道品质提升的重点问题

提升街道的品质是自从有街道以来就出现了的城市维护、改造活动。古代为迎接皇帝巡游或大臣来访而打扫街道，以及现代为迎接国宾或举行重大国际活动而装点街道（如扎彩旗、粉刷沿街建筑立面、路面拓宽改造等）都是街道品质提升的例子。这些例子中，有政府组织的街道提升工程，也有街道居民以及市民自发组织的街道品质提升活动；有着重短期效果的提升（如清洁街道或扎彩旗），也有着眼长期效果的提升（如街道拓宽）。大多数街道品质提升项目的重点，都集中于改善街道使用者的视觉感受——干净整洁甚至宽阔的街面，以及沿街建筑立面、五彩缤纷的彩旗可以丰富视觉感受、增加欢乐气氛，并且可以通过干净整齐的街道向来访者表达东道主对访客的尊重，同时传递整个城市乃至国家欣欣向荣的信息。

3.1.1 提升街道品质的三个行为主体

街道品质提升通过街道居民、市民、地方政府三个行为主体实现。本章第3.2节会讨论这些行为主体的类别和诉求。总体来说，街道居民希望在街道尺度上增加其物业的价值，并创造适合居民生活、商业活动的物质和社会空间。市民希望在以个人活动特点定义的空间范围尺度上，创造方便城市生活（出行、游憩等）的街道环境。地方政府管理者希望在市域、行政区或街道单元尺度上创造顺畅的交通网络、丰富的文化传承，并为地方经济增长创造新的亮点。

政府、街道居民以及市民对街道品质的诉求，多数反应在政府主导的街道建设改造项目中。街道居民对街道品质的诉求也可以通过街道居民主导的品质提升活动实现。而不在项目街道居住的市民通过个人使用项目街道的频次调节，也会影响到项目街道的品质。政府或街道居民主导的街道品质提升项目由政府或街道居民拉动，而市民主动改变个人使用街道的行为特点时，街道的品质会相应地改变。未来街道品质提升工作中如何进一步利用街道居民和广大市民的主导作用，是一个值得探索的课题。

3.1.2 改善场所的愉悦与通道的顺畅

路面拓宽改造主要是增加街道的通行能力。特别是在目前私人小汽车不断增加的情况下，窄马路无法适应小汽车通行和停放的需求。在私人小汽车率先发展并应用于日常通行的美国，那些1945年之后开发建设的地区的街道，普遍采用了以小汽车为主导的道路规划原则，用工程技术标准和手段保证小汽车畅行无阻。而许多1945年之前建成的老旧街道，也经过了工程技术的处理，使其适应交通机动化的要求❶。这些变化导致了街道场所功能和城市历史文化承载功能的丧失，而街道的通行功能提升了。在20世纪60年代许多美国的城市里，消除贫民窟以及建设适应汽车通行的公路网破坏了许多邻里关系密切的街道场所。如何保护那些富有活力的街道空间成为一个广泛讨论的问题。如纽约的以规划师罗伯特·摩西斯（Robert Moses）为代表的贫民窟拆除和高速公路建设的官方派与以简·雅各布斯为代表的保留街道场所空间的民间派的争论，为街道品质提升从增强机动车通行能力向重建街道场所空间为目标的转变奠定了基础❷。

20世纪70年代以来对街道品质的提升着重于加强街道的场所功能、提高街道空间的活力。早先在美国许多城市开始的一些街道品质提升项目，主要是在人行道上设置座椅，或者拓展路缘石以加宽人行道部分。这些增

---

❶ John Massengale, Victor Dover. Street design: the secret to great cities and towns [M]. New York: John Wiley & Sons, Inc.Hoboken, 2014: 217.

❷ Roberta Brandes Gratz. The Battle for Gotham: New York in the Shadow of Robert Moses and Jane Jacobs [M]. New York: Nation Books, 2011.

加街道要素的做法和当前热门的以增加自行车专用道来提升街道品质的做法相似。但增加要素的做法往往效果非常有限，原因是，街道的活力受多种因素的影响，如果只是增加街道要素而忽略那些更重要的因素，则无法提升街道的品质。比如，沿街建筑空间的混合使用、零售店共同的营业时间、人行道干净整洁、街道小品不过于花哨以及有合适的机动车速度控制等❶，都会极大地影响人们对街道这一空间场所的使用。还有一些来自街道之外的因素，如现在人们普遍使用购物中心，而不是依靠街道上的零售店采购日常用品；当地的消费水平决定了沿街商铺提供的商品的种类和价格水平。忽略这些重要的影响街道品质的方方面面，也使街道品质提升的努力事倍功半。

3.1.3　以发展地方经济为目的的街道品质提升

街道作为城市基础建设的重要组成部分，一直是被当作拉动地方经济和改善城市投资环境的重要手段，其沿线的土地开发与拆迁、沿街建筑的立面美化、街道家具与小品的建设及道路本身的设计改造等，需要耗费大量的人力、物力与财力。2019年10月份武汉将举办世界军人运动会，按照"办好一次会，搞活一座城"的宗旨，投入了1400亿元全面提升武汉的基础设施建设，其中包含25条重点保障路线路面整治综合提升工作，着力推动城市环境脱胎换骨、华丽蝶变，全面改善城市功能品质和形象，为武汉市城市街道品质提升提供了良好的契机。街道作为市民活动最密集、使用频率最高的公共空间，在拉动地方经济的同时，成为转型时期城市形象的一张靓丽名片。通过重塑街道活动空间、合理分配路权、提升景观绿化、优化附属设施等方面的统筹设计，使得街道焕发容颜，重聚活力，改善了市民出行环境和活动空间，显著提升了城市形象，促进了城市经济发展。武汉中山大道的华丽转变、黎黄陂路的共享改造、东湖绿道的建设等为武汉市民营造更加开放、美好的公共空间的同时，也成了武汉旅游的名片。

---

❶ Massengale和Dover（2014，29页）注意到，街道小品过于花哨不一定增强街道的活力，因为这些小品会把人们的注意力从街道店铺门面上移开，这对于以增加零售商业活动为目标的街道品质提升会产生负面影响。

3.2　街道品质提升的行为主体

街道作为城市的公共空间，有公共物品的属性，每个人都可以进入和使用街道空间。街道不同于私人物品，不能限制它只对某些人开放，或只供某些人使用。街道品质提升也不像是制作其他的艺术品，如画作或雕塑，因为街道品质提升不是在一张白纸上或者一块普普通通的石头上发挥创意，而是在现有的历史文化和实体环境中创造新的品质❶。街道的公共属性，要求在做街道品质提升项目时考虑多元相关者的各种角色与诉求。以下从街道居民、市民以及地方政府管理者等角度讨论。

3.2.1　街道居民

街道居民包括有物业开发权、产权、使用权的个人或机构，即，开发商、地主、居民、商户业主。

中国城市土地为全民所有，非城市地区的土地除国有部分以外都为集体所有。这里所说的具有物业开发权的个人或机构可以笼统地理解为开发商。拥有产权的个人或机构称为"地主"，在中国现行的土地制度下，地主其实是指有土地使用权的人和机构。居民和商户可以同时是地主和物业使用者，也可以是通过短期或长期租赁合同使用物业者。根据国家法律，土地根据其功能类型设定了相应的期限，比如，住宅用地的使用期限是70年；工业用地的使用期限是30年。

开发商关心更多的是在拿到土地使用权限后，如何在最短时间内将地块开发完毕并出售，追求地块本身开发所带来的利益最大化。许多地主也抱着和开发商同样的想法拥有物业。开发商和地主对地块周边街道的空间品质关注较少，在他们看来街道所承担的交通功能对带动地块的价值意义重大，而街道空间品质只是一个锦上添花的事情。

开发商根据街道总体规划把具体地块开发建设成可供使用的空间。开发的过程包括详细的规划设计、资金筹措、拆迁建设、物业出售管理等工作。城镇开发中涉及工业、房地产业、商业、服务业等各行业的地主和开发商，

❶ John Massengale, Victor Dover. Street design: the secret to great cities and towns [M]. New York: John Wiley & Sons, Inc.Hoboken, 2014: 39.

虽然使用土地的年限各异，其开发建设的目的具有共同之处，那就是通过土地开发获取利润，达到利益最大化。

根据地块本身的性质特点，获取最大利益的方法各不相同。工业用地开发往往倾向于使用较大的用地区块以提高规模经济效益，同时期望交通性干道受到最小人流干扰，保障原料流入、产品输出等运营过程高效便捷。房地产业作为典型的以地生财产业，为保证开发项目具有良好市场效益，即便没有政府的强制性要求，亦不得不加建用地内部道路、管道及公共设施。而为了使这样的非营利性附加投资物有所值，并使项目所取得的经济效益足以支撑整个住区的开发与运营成本，房地产开发企业通常倾向于大规模的开发。大的地块以及建设规模，有利于建设尽可能多的建筑面积，分摊开发时期所需的采购费、人力资本及营运管理、销售成本，实现大范围内的成本节约，同时避免用地红线沿道路退让造成的土地浪费，提高用地经济性。

不同于工业与房地产，三产类如商业、服务业强调的是持续、反复的多边要素交换，提高产业长期的经营效益。承载生活场所功能的街道空间能为其保证充足人流，并在保证基本车辆通行的基础上对人流阻力最小，提高要素交换的几率与频率。同时，小尺度的街区代表着一种在相对来说比较小的区域内产生最大数量的街道和临街面的开发形式，这样的街区结构能使商业利益最大化，为产品输出提供更多途径。显然，二产与三产类企业虽有着共同的效益优先的权衡准则，但由于性质差异，前者对街道职能与空间形态趋向通行功能强大的诉求，后者则趋向场所功能突出的诉求。

沿街店铺的商户业主是经营商业或服务业的责任者，他们不一定是地主或物业的拥有者。这些业主主要关心和店铺盈利相关的几个方面：沿街店铺的相对区位、街道上地块的用地类型及沿街店铺的业态、街道的人流量，其中街道的区位条件决定了店铺租金的高低，而与店铺人流量相关的就是街道活力和街道品质。因此对于店铺的业主来说，他们最关心的是街道活力，尤其是在中国流行网红打卡的时代，每个店主都想成为IP，他们总会在店面招牌、橱窗展示、内部装饰环境、提供服务方面费尽心思，吸引人们多多逗留，从这一方面来讲，沿街店铺也会对街道的活力作出贡献，因此沿街店铺与街道活力是相辅相成的。

但是沿街店铺的业主对街道的更新改造却持有非常矛盾的心理，他们寄希望于街道整治，提升街道的整体环境，街道品质越高，越有活力，则人流量越大，店铺盈利越高，但是租金也会水涨船高，带来的后果可能是沿街店铺的流失及地方特色的消失。目前国内尚没有出台有关政策对街区的经营业态进行引导管理，再加上沿街立面的整治绝对不是一个简单的空间规划设计问题，而是需要协调规划、城管、房管、工商、街道等多个部门及相关的业主，这是一个长期的协调过程。

沿街店铺对街道活力依赖的现象在今天互联网发展的新时代似乎发生着悄然的变化。淘宝、京东、美团等线上软件的流行，直接革新了传统的服务行业，沿街店铺对街道或者店面的依赖程度在减弱，一个背街小巷的小店铺，可能是线上的网红地，线上的营业额也许远超线下的营业收入。调查研究表明，在北京和上海，60%左右的街道都在通过餐饮来维持生机❶。因此适应新形势下街道活力的打造，应该关注如何塑造一个好的街道场所，吸引更多的人面对面地交流，从而对舒缓"外卖经济"给中国新生代带来的社交恐惧症，有着更重要的社会意义。

沿街居民可以是住宅的产权持有人或租客。他们希望有安静、方便、安全的生活环境。这与喜欢熙熙攘攘的商户业主对街道品质的要求不同。另外，成熟稳定的邻里关系是品质住宅类街道的特点。

3.2.2　市民——街道使用者

街道使用者包括只是使用街道的通行功能而不在街道空间驻足停留的人，以及使用街道场所功能，即，驻足以满足游憩、会友、购物等活动的人。按照人们穿行或到达街道的交通方式，以上两组街道使用者包括步行通行的人、使用慢行交通（如自行车、滑板）通行的人和使用机动车（如公共汽车、轿车、货车等）通行的人；而到达这一场所空间的方式，包括步行、公共交通、自行车、私家车、便车或出租车、其他慢行工具（如滑板），以及其他机动车（如货车）。街道的场所功能主要服务于步行的人，不管这些人是使用哪一种交通方式到达。

（1）把街道作为场所使用的市民
使用街道空间场所功能的市民因为购物、会友、休闲等目的而来。他们需要沿街店铺提供相应的商品和服务、空间设施以及舒适安全的街道环境。

---

❶ 沈从乐. 街道观察：我们真的会失去商业街吗？[EB/OL].（2019-3-19）[2019-04-15]. https:// www.thepaper.cn/newsDetail_forward_3153625.

商品和服务的种类需要符合服务人群的购买力水平和社会文化偏好，比如经营高中低档次商品的店铺以及茶馆、咖啡厅的比例要适当。

这些人群需要街道座椅、可供人们倚靠的空间、自行车停车桩、公共汽车候车区、有安全防护作用的空间分隔桩、供所有交通参与者阅读的标识信息、保证老人与残障人士使用轮椅和电动车时路面防滑且无障碍的路面铺装、方便盲人的可触摸警示，以及保证老人、妇女儿童、残障人士过街安全的缓冲区等街道设施。

这些街道通过交叉口的时间可以根据1米/秒的人均步行速度设置；通道宽度则根据行为特点设定，比如可以将步行区域按照临街活动区、步行通行区、家具设施区、隔离缓冲区进行设计。人们所需要的一个赏心悦目、轻松安全的街道环境，可以通过各种规划设计手段创造。比如，街道空间在不同尺度上的围合设计，街道视觉空间廊道与城市标志性自然景观或者构筑物的连接，街道绿化的植物搭配与布局设计以应对潮湿、高温与日照所造成的不适感，创造造型新颖、有文化内涵的街道小品并协调其他街道要素进行空间布局，进行精细的街道要素施工与保养维护等。

（2）把街道当路使用的市民

以穿行为目的使用街道空间的人群希望通行顺畅。明确、合理的路权分配是保障通行顺畅的重要条件之一。人行区域路面通行部分的设计、机动车与非机动车的隔离以及短停区上下车点的设置及禁停规则，往往有助于道路功能顺畅。街道与城市其他道路的连接对街道通行功能的顺畅起决定性的作用——过多的交通流进出街道必然导致交通阻塞。对街道的使用者来说，通行顺畅并不代表高速度。每条街道都有其设定的并明确标示的通行速度，使用街道通行的人更在意实际运行速度是否达到设计值，而不是自己随心所欲的期望值。

安全并且心情放松地通过街道空间是穿行人群所希望的使用体验。明晰的路权分配非常重要，但并不能解决全部问题。街道上的自行车、三轮车、电动车都属于慢行交通工具，但这些使用不同慢行交通工具的人群之间相互抱怨、相互提防。使用机动车的人群则经常抱怨慢行人群所造成的通行效率损失以及带来的交通隐患。依靠路权分配把使用各种出行方式的人群分开是不可能的任务。解决这个问题还需要在管理上下功夫。最有效的方式，是控制速度。比如，自行车是最便捷、也是最脆弱的交通工具，通常骑行时速为15~20千米/小时，但它可快可慢——快速行驶时的时速高达30千米/小时，低速时可以接近步行，即，低至5千米/小时。能控制速度的话，便可以将自行车道设置在步行区，或以非机动车道、混行道的形式设置在机动车道旁。而机动车对慢行者的安全威胁，也可以通过降低速度来减少。

　　街道空间围合设计、景观设计、小品布置等给予通行的人群以不同的愉悦体验。骑行者有树荫遮蔽、公交车或出租车上的乘客有窗外美好的街道景观，不论使用何种交通方式通过街道的人都能在通行的过程中感受到城市的历史文化及社会经济发展的氛围，是通行活动的上乘体验。

　　以上使用街道场所功能和通行功能的人群并不是截然分开的。他们出行的目的以及从居住地到目的地的空间特征决定了他们每次出行相对应的功能要求。总体来说，民众的空间利益需求与他们的居住、工作、游憩和交通活动直接相关，这些活动的组合决定对使用街道功能的判断。人们活动的复杂性带来了街道空间规划设计中的不确定性。一方面随着生活水平的提高，市民采用的出行方式日益多元化，非机动、机动出行主体为了满足出行的舒适与安全，都希望街道通行功能顺畅。这更导致一部分人，包括城市管理人员，认为街道越宽越好，简单地认为宽度能够解决一切问题。而另一方面随着城镇发展，社会分工、生活需求的复杂多样化，人们需要街道空间场所满足生活服务、休闲、交友互动等日常活动。过度强调街道的通行功能，特别是过宽的街道，着重满足通行功能的设计不但难以应对出行复杂化造成的矛盾，导致交通拥堵，而且割裂了完整的街道空间。有感于街道通行功能破坏街道场所功能的人群，会强烈怀念便捷灵活、安全舒适、强联系、亲交往的街道空间。

3.2.3　城市管理者

（1）地方政府领导人

　　地方政府领导人是城市的决策者，管理其辖区内的方方面面，包括街道。在多数情况下，领导人的指令不只是来自一个人，书记、市长、镇长往往是主要决策者，都或多或少地决定街道的建设计划。在多数的城市里，分管城市建设的副市长也是影响街道规划建设的重要领导。地方领导人对城镇、街道空间的关注往往超越了表面层次的物质空间形态。街道空间背后的社会经济问题决定了影响街道空间设计的大方向。街道职能的定位，体现了政府保障城镇迅速发展与解决经济问题的策略。

对大尺度街道空间的偏好是中国城镇建设中普遍存在的现象。宽阔的街道上挤满了车辆是绝大多数城市中常见的景象；而在小城镇，宽阔的街道上没有几辆车的景象也很容易观察到。城市领导人对大尺度街道空间的偏好来自多方面的考虑。

第一，街道的通行功能往往和经济发展的效率联系在一起。这种连接关系特别得到更广义上道路对地区发展的正面影响关系所支持。过去四十年改革开放，道路建设帮助许多原来与经济活动较集中发达地区联系不畅的乡村、城镇，甚至同一个城市中比较隔离、缺乏生活服务配套的功能区改变了面貌。"要致富，先修路"的理念被地方政府视为不容争辩的硬道理。这一理念也用到了街道建设中，高效、通达、保障城镇功能单元之间以及与城市之外更大区域联系的通行功能被视为城镇发展的生命线。

第二，大尺度的街道被用来体现具有宏大气势的城镇发展形象。地方政府领导人希望通过大尺度街道空间，改变传统城镇"小家碧玉"的形象，在地方政府之间争取投资的博弈中，展现有吸引力的交通与投资环境，把大尺度的街道看作能加速城镇机动化和迅速发展的表征，而小尺度的街道被视为迅速城镇化的发展桎梏。这样做所希望的效果是，不仅吸引更多的投资商与企业落户，而且帮助抬升沿街和整个城镇区的地价，进一步刺激地方经济发展。

第三，大尺度街道围合成大尺度的用地模式，有利于减少地方政府用于城市建设资金上的压力。大尺度的用地模式使地块内道路建设、管道工程、照明设施等投资内部化、私人化，便于政府后期整体出让，交由开发商整体开发。这不仅简化了小尺度街区多块小型用地出让的复杂程序，降低工作协调难度，同时保障了城镇统一、快速建设，也大大降低了在城镇设计调控上的资金，节约了大量开发成本与维护费用。因此，在发展优先的准则权衡下，大尺度街道空间在职能与空间形态方面展现的优势无疑受到地方政府的青睐。

地方政府领导人对城市发展亮点的追求也是街道品质提升讨论中需要注意的一个问题。随着中国城市建设由粗放型向精细化的转变，以大区块（如新区、开发区、高新区，住宅区等）、节点区块（如广场）为抓手的城市建设正在寻找新的着重点。在现阶段以存量规划为主要发展方式的时期，街道这个能体现精细化设计的场所赋予了规划设计人员大展拳脚的空间。

（2）相关部门管理人员

地方政府领导人在街道空间设计上的决策和导向，通过相关政府部门管理人员的协调运作、实现。主要的相关者包括规划设计管理人员、园林绿化管理人员、交通警察、城管人员、清洁工、群众组织等。

　　规划设计管理人员在地方政府中的规划部门工作，他们负责制定土地利用、城市设计以及街道品质提升的计划，并制定相关政策对街道空间各要素（如建筑后退红线距离、建筑高度、道路断面及建筑贴线率等）进行管控。

　　我国现有的城乡规划管理体系，设定了红、绿、蓝、紫、黑、橙、黄7种控制线，在街道规划设计中涉及的控制线主要为道路红线、城市绿线、用地红线和建筑退线。控制线作为规划管理的有效手段，可以划分各类用地的明确界限和用地权属的范围，但也导致了道路用地和周边建设用地的割裂，模糊了"街"的概念和认识。根据现有的规划管理规定，可以对道路红线进行控制，对道路红线内道路横断面作出设计引导，并对建筑边线退让道路红线的距离提出要求。但是现有的规划管理规定对建筑退让空间内的控制和设计引导还相对滞后。从土地权属来看，建筑边线到道路红线的土地仍属于开发商所有，因此绝大部分开发商会在此空间内利用绿化带或台阶等手段设置软隔离，这无意中也为行人和建筑建立起一道屏障。

　　传统上以道路红线管理为主要手段的街道管理方法对加快和保障道路建设发挥了重要作用，但在新的发展背景下，已逐渐成为高质量街道建设管理的隐形障碍，这已经成为我国各城市规划管理工作中的共识。要实现街道的整体塑造，还需要对道路红线内外进行统筹，对管控的范畴和内容进行拓展，在现有的控制性详细规划中整合街道设计导则的成果，以形成满足城市更新实际需求的街道空间管控体系。

　　园林绿化管理人员隶属城市园林部门，他们是城市空间内（包括街道）生态建设、园林绿化和林业相关标准制定、规划设计编制审查、建设运营监督管理的主体单位。其主管领域对城市空间环境有着至关重要的作用，是城市绿化景观、生态环境的描绘者、践行者和坚守者。

　　园林部门通过相关政策、法律法规和行业规定的执行和本层级业务内法规、规章和实施办法的制定，约束城市管理者、规划者、设计者、建设者和使用者对城市生态、绿化和生物的破坏行为。通过会同相关部门（管理者、规划者、设计者、建设者）开展绿地系统规划以及森林、湿地和生物多样性保护规划，划定城市生态红线，将生态、园林和林业相关区域建设作出法定化、明确化、精细化要求。在城市街道空间层面，这主要体现在对街道空间范围内的绿化指标的控制和对改扩建项目中现状绿化情况的评定。

在新建项目规划阶段，园林部门通过绿地率指标对街道空间绿化景观进行控制，以提升街道的景观效果。但是，在道路空间资源十分有限的现实条件下，道路的绿地指标或者慢行空间尺寸往往是多目标需求下的牺牲品。比如，从建设部门的角度，街道建设的初衷通常为治理城市交通拥堵或为周边开发项目提供"三通一平"服务，这里关注更多的是道路交通功能需求；从电力、通信、给水、燃气等相关主管部门的角度，主要关注通过街道建设进行管线敷设，利用道路地下空间完善管线网络化布局；从开发项目主体（如开发商）的角度，街道较好的生态绿化条件有利于提升项目自身的商业价值，但与交通相比，生态绿化的重要性相对会低一些，尤其当生态绿化建设所带来的商业价值低于可替代建设形式的价值时，生态绿化的建设维护就更为弱势了。

在新建项目设计审查阶段，园林部门希望街道空间种植易于成活、易于管养、景观效果好的树种，种植搭配同时能够体现植物季相，这与建设部门、景观设计师的绿化目标基本一致。对于能够凸显城市生态风貌的景观大道，建设部门除了景观要求，更多关注的还有建设成本的限制，这与园林部门对特色大道的景观打造诉求似乎存在一定的差异。目前，道路空间范围内的绿化景观设计通常由道路建设部门统一委托具有资质的单位统一设计，绿化景观行业审查还相对缺乏，城市空间范围内的城市道路景观无统一的单位把控，缺乏统一规划，较难以形成片区景观特色。

在项目验收阶段，园林部门期望道路红线空间范围和建筑前区空间范围的绿化指标满足控制要求、绿化种植丰富、乔木选择高大、植物形态优越等，同时能够实现景观的协调统一是其最终目标。但这通常与建设部门建设工期紧张，施工单位树种选择及运输条件差，种植时间不适宜等诸多要素有关，从而使得验收种植效果不理想。

在项目移交维护阶段，园林部门主要对道路红线空间范围内的绿化景观进行管养，建筑前区空间内的绿化景观则由用地权属单位自行维护。维护成本低，协调程序简单是园林部门期望所在。但对道路空间大范围的绿化提升需要与交通管理部门对接，不影响道路通行；当涉及地下管线时，需要与管线主管部门对接，减少对管线的影响，承担必要的管线保护费用等；同时施工界面的保护需要满足城管的要求；此外，树种品种和种植质量关系着园林部门是否需要投入更多的资金来管养，这与建设部门存在一定的利益交织。

在改扩建项目中，除了新建项目的上述阶段的相关程序和诉求外，园林部门需要在规划设计阶段对现状街道空间范围内的景观进行评定，确定是否有保护树种及移栽情况，必要时报市人民政府批准，或组织专家论证会，并征求公众意见，必要时组织听证。

此外，对整个城市来说，园林部门资金纳入市级专项资金预算，为专款专用，绿化项目主要为城市公园建设、森林建设、重点项目建设（如东湖绿道、园博园等）、绿化专项等。街道空间绿化包括道路红线范围和建筑前区两个部分，道路红线范围内的绿化建设一般与道路同步，为道路城建资金，其后期维护和新增的街角公园建设费用由园林部门支出；建筑前区范围内的绿化建设和维护由开发项目建设主体支付。

在实际的建设中，因考虑到基础设施建设资金的特殊性约束及施工工艺的差异，道路红线范围内的绿化景观与周边开发项目的景观建设效果存在较大的差异。部分开发企业，尤其是商业开发企业，为了有效提升项目周边景观效果，增加商业价值，愿意对道路红线范围内的部分景观进行提升改造或者代建，这对于区段的街道空间环境来说，是非常有意义的。在满足街道空间功能和相关标准的基础上，应鼓励开发商代建，以提升街道绿化景观。

街道空间范围内的绿地景观，对街道使用者的出行舒适感、愉悦感、归属感具有较大的促进作用。繁忙的都市生活中，一方面需要更多的交通空间或者更便捷的交通方式，满足城市出行的快速化需求，拉近工作与生活的距离；另一方面需要更多的口袋公园景观，为步行者提供休憩、娱乐、交往空间，将城市人的疏离转换为城市人之间、城市人与城市之间的亲切互动。现有管理部门间的博弈，是在各自管理责任下所产生的矛盾，街道空间范围内的绿地指标的控制和后期的维护管理是园林部门在街道空间范围内的主要权责控制范畴。为了适应机动化大发展和兴建道路缓解交通拥堵的发展方式，武汉市曾一度通过设定地方规定降低道路绿地率指标控制，以均衡各个部门管理需求。为了有效管理街道空间范围内的绿化景观，园林部门与规划部门、建设部门、交管部门、城管部门等需要在相同的城市目标和城市建设理念之下，行使权力，将自身的职责最大化发挥。

交通警察对道路范围内的违法违规行为具有执法权利，隶属公安局下设的交警分支机构。该部门是城市道路交通秩序维护者、交通设施的建设者和道路车辆管理的规范者。其主要任务是保障"人便其行、车捷其流、有序畅通"的道路交通通行环境。

交警管理城市交通秩序的重点是车辆通行秩序和违规停车。街道空间的拥堵、路内违法停车均是交通秩序混乱的重要体现，如早晚高峰交通瓶颈节点的交通拥堵，医院、学校周边上下学期间车辆的违停、人行的"簇拥"现象等。这种现象一方面是城市经济社会大发展的表征，一方面是城市机动车出行、停靠需求与城市道路基础设施供给不匹配的体现。从交管部门的角度出发，提供较宽的道路资源，如通行车道数、停车位等在一定程度上是可以有效地缓解城市拥堵现象的。从长远的发展角度出发，依靠单一无限制地提供道路资源将诱增新的交通出行量，周而复始致使交通拥堵恶性循环；同时从人本位的规划角度来说，在有限的道路红线资源条件下，提供充裕的安全的慢行空间对街道空间品质的贡献更多于过宽的机动车空间，如何有效平衡街道空间资源，是道路规划部门、建设部门、交管部门等需要重点考虑的现实问题，亦是未来街道改造的重要着力点。未来城市发展必须站在城市规划层面，倡导"TOD"交通发展模式，提供职住平衡的用地结构，以缓解城市交通拥堵问题；对于老城空间范围内，人口居住转移、适当增补停车设施、新增大运量公共交通出行廊道等措施在一定程度上可缓解大城市病中的拥堵问题。

交警部门也是杆件交通设施的建设者。随着近年来街道空间改造和人本理念的复兴，街道空间品质的一个重要体现在于街道的杆件设施集约化布局。但是，以满足功能为出发点的杆件设施布局设计与建设，常常对街道空间环境的简洁性和整洁性考虑不足，出现了杆件林立的街道空间，这种情况在小街区密路网的路网格局中尤其突出，降低了街道空间的品质。对街道空间开展杆件一体化设计是街道品质提升的重要发展方向，这就需要交通管理部门出台相关的设计标准和管理规范，对不同的交通设计者提出专业化设计要求。

交警部门还是道路车辆管理的规范者。道路的拥堵、道路的安全很多时候不因道路资源有限而产生，而是因为驾驶员行为的不规范、驾驶员道德缺失等驾驶员行为，或车辆管理不善的车辆故障所引发的。交警部门通过驾驶员考试、车辆登记管理、违法违规行为执法等管理措施规范驾驶员和车辆行为，以期道路使用者的规范驾驶，减少道路拥堵和道路安全事故等。

交管部门因执法及车辆管理产生部分收入，行政处罚收费包括违法停车、事故违法、交通违章行为处罚等；行政管理收费主要包括驾驶证业务收费、机动车登记业务收费和电动自行车登记业务收费。其收入均上缴国库。交警部门支出专款专用，为专项资金财政拨款预算，包括一般公共预算财政拨款和政府性基金预算财政拨款。

城管人员隶属城管委，是城市街道空间环境的秩序维护者（执法权）和市容市貌监督者（管理权）。同时因城管委的执法权，使得其在维护和管理城市街道空间环境和秩序中具有重要的作用。

城管委对街道空间的管理着重立面空间环境和水平空间环境。通过拆除违法搭建、违法广告招牌，减少繁冗、复杂及低级趣味的灯光污染，形成简洁、整洁的建筑立面空间环境。对水平空间环境的管理目标是使街道整洁、卫生、秩序化，管理的重点是保障街道步行区的净空间尺度、街道环境卫生，杜绝违法占道以及施工期间噪声、灰尘、渣土等的污染。城管委的工作需要与街道办事处等部门的通力协作，遵照相关的法规（如区域招牌广告设置和管理规定、建筑景观亮化规划等），由街道办事处负责协调辖区内的建筑主体，经协商由城管委、街道办事处或建筑主体自行拆除违规违建部分。

城管委在街道空间层面的管理工作也是多部门、多主体综合管理的复杂体。对于建筑主体来讲，尤其是商业建筑，建筑户外广告和建筑景观照明是体现其差异性和标志性的重要手段，统一化和标准化的建筑外观在一定程度上限制了建筑特色化的形成，削弱了建筑外观对商业价值提升的促进作用，同时对街道建筑风貌的多样性有消极影响。在武汉市特定区域背景下，街道空间过早文化和夜市文化是丰富市民生活、城市特色文化的一种表达方式，在城市管理中不应一刀切地完全取缔城市占道经营，而应从居民的生活习惯和生活需求角度进行综合考量，对街道空间进行布局优化、分时管理，以协调城市管理与城市居民需求的冲突问题。为了适应城市发展的需要，城市空间面临多工地多项目的同步开发建设，这与城市居民对生活环境的要求是相违背的，这就对城市管理中渣土拖运、噪声污染、PM2.5等提出了更高标准的要求。如何把控城市建设管理和城市环境需求之间的平衡，如何对街道空间进行差异化的、针对性的管理，是城管委进行市容市貌管理的工作重点，需要与规划部门、建设部门进行有效的沟通与对接。

城管委执法及部门管理产生部分收入，行政处罚收入主要包括对违反《市容环境卫生管理条例》的行为、违反井盖管理规定的行为、违反建设工地管理规定的行为、违反运输物品管理规定的行为、责任人不履行"门前三包"责任制的行为、违反《城市道路管理条例》的行为、损坏城市绿化及其设施的行为的相关处罚等。部门行政管理收入主要包括生活垃圾服务费、燃气热力行政许可和管理服务费用、环卫垃圾场站的特许经营服务费用、临时停车场收费等。其收入均上缴国库。城管委支出专款专用，为专项资金财政拨款预算，包括一般公共预算财政拨款和政府性基金预算财政拨款。

　　清洁工一般负责道路红线范围内的道路清洁及垃圾清运工作，主要包括路面清洁、城市家具清洗、街头广告的清除及垃圾的收集、清运等。由于我国大部分城市实行"门前三包"责任制，建筑退界空间范围内的清洁、美化及有序工作由沿街的商铺及开发地块的物业管理部门负责。我国实行市、区、街道三级环境卫生管理体制，其中次干路以上的道路环境卫生作业一般由区级城管部门（或市容管理部门）的专业队伍承担，而支路级别的小街小巷的环境卫生作业由街道环卫所的环卫工人承担。无论是专业还是非专业的清洁工，他们的工作主要包含清晨的道路普扫和日常的巡回保洁，采用的方式有人工清扫和机械保洁两种，并达到"五净"（人行道净、机动车道净、路沿石净、树根净、墙根净）和"五无"（无垃圾堆、无果皮纸屑、无砖石瓦块、无树叶杂草、无污泥积水）的环卫标准（参考多个城市的环卫作业手册）。

　　被人们赞誉为"城市黄玫瑰""马路天使"和"城市美容师"的清洁工，在街道的维护管理中占据着重要的角色，且对街道的品质有着重要的影响，干净的街道总会给人留下深刻的印象，且最能吸引人驻足。但是由于清洁工无任何行政处置权限，最多对乱扔垃圾的行人起到劝阻的作用，而且往往带来的后果是被辱骂或者挨打，再加上环卫工人中临时工居多、年龄偏大、受教育水平低、社会地位比较低❶，因此清洁工在街道的清洁中起被动的角色，积极性不高，只能按照相关的管理要求或者上级的指示执行，这对我国现阶段街道品质提升无疑是一个不利的因素。

　　群众组织活跃在大街小巷，有代表性的例子包括被人戏称为京城四大"神秘组织"的西城大妈、朝阳群众、海淀网友、丰台劝导队。本书中的群众组织泛指那些热心关注街道、小区和城市的志愿者群体。这些志愿者群体通常由社区老党员、社区离退休居民、治保积极分子和社区志愿者组成，发挥人熟、地熟、事熟的优势，同社区民警、社区居委会工作人员共同开展街道环境治理、矛盾化解、治安维护等工作，类似于英美国家的邻里守望制。这些组织的成员配备红袖标、红马甲或小红帽，其职责主要是发现劝导不文明行为、参与维护社区生活秩序、劝解社区各类邻里纠纷、提供破案线索及

---

❶ 牛喜霞，邱靖，谢建社. 环卫工人生存状况及其影响因素——基于广州市的调查［J］. 人口与发展，2014，20（3）：104-112.

反恐信息等，其中和街道相关的职责主要是对道路的车辆违停、沿街商铺的占道经营、乱扔垃圾及行人乱窜马路的不文明现象进行及时劝导并上报给相关部门，并是街道改造的主要公众参与力量。由于成员主要是离退休老人，他们既是街道活动空间的主要使用者，需要一个可以交流、休憩及健身活动的街道场所，同时又是街道维护管理中的一分子，虽无任何行政处置权限，只是出于热心、不求回报地为街道空间的整洁、有序、安全贡献着自己的一份力量。

3.3　街道品质提升的主要目标

从2014年开始，全国若干个城市相继推出了影响街道规划设计建设的规范细则，如2014年8月发布的北京市地方标准《城市道路空间规划设计规范》(本节简称《规范》)，2016年10月发布的《上海市街道设计导则》，2017年4月发布的《南京市街道设计导则》，2017年8月发布的《广州市城市道路全要素设计手册》，2017年9月发布的《昆明城市街道设计导则》，2017年12月发布的《罗湖区完整街道设计导则》等。还有许多城市正在制定相关的导则。分析这些导则可以发现，提升街道空间的人性化，改善街道的通行功能，加强街道的场所功能，提高统筹、协调的规划设计管理能力是各城市共同关注的目标。

3.3.1　提升街道空间的人性化

建设以人为本的街道是大部分导则明确提出的目标。作为我国第一部统筹城市道路空间各专业规划设计的综合性地方标准，北京市《城市道路空间规划设计规范》针对北京的实际问题，提出建设充分体现以人为本、可持续发展理念的道路空间。其做法具体体现在增加慢行设施、加强精细化设计管理两个方面。

《北京市步行和自行车交通环境设计建设指导性图集》(本节简称《图集》)于2017年12月编制完成，用以指导改善在慢行出行中绝大多数市民普遍反映的自行车道不合理，步行道太窄，障碍物多，过街天桥设计不人性化，慢行道无绿荫等问题。《图集》"以人为本"的道路规划设计理念主要表现在以下方面：大幅提升窄马路比例，充分展示"窄路幅、密路网"环境宜人的魅力；提出所有道路两侧均应设置人行道和自行车道，并应保持连续通畅，且有完整的林荫道；严禁占用人行道和自行车道设置机动车停车位；严格限定交叉口处机动车道数量和宽度，缩短行人过街时间，人行过街以平面为主，立体为辅，立体过街设施需设置电梯；道路横断面推广多幅路型式，强化高大乔木种植力度，有条件的必须实现双林荫道，营造森林城市，给行人和骑车人提供既安全又舒适的出行环境；沿道建筑退线空间与人行道一体化设计，以街角公园和口袋公园形式给行人提供更多的休憩和交往空间；提供完整的街区导向系统，方便市民及游客。

精细化设计管理方面，北京市《核心区背街小巷环境整治提升设计管理导则》于2017年10月发布，在总结东城区和西城区背街小巷整治经验的基础上，从气质、风格、颜色等方面着手，对背街小巷建筑立面、交通设施、牌匾标识、城市家具、绿化景观等10大类36项元素进行设计规范，指导各区开展环境整治提升和长效管理。建筑立面方面，管控要素包括墙体、屋面、传统门楼、外立面门窗、油饰彩画、构筑物和装饰构件等。对街巷胡同沿线具有不同历史文化价值的四类建筑，即不可移动文物、历史建筑、传统风貌建筑和其他建筑，按照"古今有别、新旧有别"的原则实施分类管控。其中，位于历史文化街区内的建筑对建筑体量、高度、形态、色彩、材质等进行更为严格的管控，其他建筑的建筑外观要求与传统风貌相协调，鼓励旧料利用。交通设施方面，提出结合街巷胡同宽度，确定差别化的交通组织方式及交通设施配置要求：宽度在5米以下（不含5米），建议设为慢行胡同，可组织步行、自行车交通，胡同两侧均不得施划机动车停车泊位；宽度在5米（含5米）至9米（不含9米）胡同，建议设为单行胡同，组织单向交通，且宽度为6米以上胡同可施划单侧停车泊位，但需预留宽度不少于3.5米的消防通道；宽度在9米以上胡同，建议设为双行胡同，组织双向交通，并在一侧施划停车泊位，但需预留宽度不少于3.5米的消防通道。

《上海市街道设计导则》提出街道设计不应该"主要重视机动车通行"而要"全面关注人的交流和生活方式"，认为"从道路到街道，是机动车交通空间向步行化生活空间的回归，是路权从'机动车'为主向'兼顾车行与步行，优化步行环境'的转变。这种转变对道路的规划、设计、管理提出了更加精细化、人性化、智慧化的新要求。"《南京市街道设计导则》编制的目的在于推动和促进城市交通组织从以车为本转向以人为本，人车兼顾。在其提出的六大目标中，慢行系统是达到"活力舒适"和"绿色生态"的主要方面，明确接下来南京将加强轨道交通站点周边土地复合利用，加强街道空间整体设计。《广州市城市道路全要素设计手册》提倡道路设计突出人性功能化，形成可持续的"干净、整洁、平安、有序"高品质城市空间。

3.3.2　改善街道的通行功能

《规范》针对城市道路空间需求多而空间有限的问题，将诸多需求进行了分级，根据级别决定空间保证的优先次序。涉及交通安全、市政供给的为最高级，在空间上最优先保障，如行人和自行车的路权、机动车路权、市政管线铺设等；涉及道路生态、环境、景观的为次高级，在空间上优先保障，如以大乔木为主的道路绿化等；像机动车路内停车泊位的设置则定为最低级，只在有条件的情况下才予以考虑，一般不予考虑。

3.3.3　加强街道的场所功能

《城市公共空间设计建设指导性图集》于2016年4月发布，提出了"小尺度"规划设想，通过增加街道景观、利用街角的闲置空间、增加公共服务设施、增加台阶及坡道成为开放的绿色休闲空间等，增强街道活力，该图集适用于北京市地区新建、改扩建城市公共空间的规划设计与建设工作，指导北京市16区县街道整治工作，优化街区设计，提升居民生活环境。

3.3.4　提高统筹、协调的规划设计管理能力

北京市的《城市公共空间设计建设指导性图集》以"建立城市公共空间规划设计技术综合服务平台的管理机制；各建设主管部门间建立管理平台，实现对城市公共空间的统一协调和管理；各设计单位间建立规划设计平台，实现对城市公共空间设计工作的统筹协调、协同设计"为编制理念，将城市公共空间构成要素划分为7大类和22个小项，分别提出主要设计内容和建设要求。

《上海市街道设计导则》明确界定了新的街道规划设计空间范围，即，街道设计不再是"道路红线管控"而是"街道空间管控"，街道设计不再是

"工程性设计"而是"整体空间环境设计",街道设计不再是"强调交通效能"而是"促进街道与街区融合发展"。这份导则不仅面向规划师或设计师,同时也为所有与街道相关的管理者、设计师、沿线业主与市民等群体,阐明街道的概念和基本设计要求,以便达成对街道的理解与共识,有利于统筹协调各类相关要素,促成所有相关方的通力合作。

《南京市街道设计导则》把"系统协调"写进其街道设计的三大理念。并要求街道设计从工程主导转向综合性的城市公共空间设计。明确通过优化步行与公交、轨道交通站点的空间协调等方式;加强慢行系统和轨道交通站点、公交设施、公共服务设施的衔接,提升城市公共生活体验。《广州市城市道路全要素设计手册》提倡道路设计从"控红线"到"控空间",营造整体空间景观,整合与提升现行城市道路及各要素相关技术要求,塑造特色街道。

3.4　街道品质提升流程

街道品质提升所要解决的问题各不相同,不能用一刀切的办法,也没有统一的标准流程。根据具体街道的特点,可以从城市规划和城市设计所遵循的基本程序开始,计划街道品质提升项目的设计流程。

大部分的城市规划、城市设计以及建筑设计工作都遵循同一个路径,即,研究现状问题,提出发展愿景,制定实行愿景的行动计划。在城市的战略规划层次,对现状的研究既包括宏观社会经济、全球与地方的情况,也包括对具体城市或地块所做的分析;愿景则是在一个较长的时间段中所规划的城市或地块的发展方向;而实现愿景的行动计划往往包括对应宏观环境和微观层面上需要解决的问题提出的方针、政策以及近期建设的计划。城市设计和建筑设计同样涉及社会经济、地块空间、政策法规以及具体操作,只不过城市设计的重点是公共空间的品质,而建筑设计的重点是特定用户对空间,特别是室内空间的要求。在时间的维度上,城市设计项目的实施期限一般没有战略规划项目的期限长,而建筑设计的项目实施期限最短。当然,这些是通常的情况,并不排除以追求特定的社会经济目标、空间模式或实体形象为出发点去做城市规划、城市设计或建筑设计项目的情况。

造成中国城市街道空间品质低劣的原因远远不只是街道设计问题。街道要素的产权归属、相关产权人的责任、管理维护标准等在许多情况下都是和街道设计质量同等重要或者是更重要的方面。另外，街道品质作为人们的主观评判，其着重点是随着社会经济的发展而变化的。这就要求街道品质提升是一个不断发现问题、不断协调意见、不断解决问题的过程。从规划管理的角度，街道品质提升项目可以分三个阶段进行。第一阶段，建立一个基础的数据库，包括街道规划设计的历史变迁、土地利用现状，交通路权、流量现状，市政设施现状，街道绿化、小品现状，商业、服务业现状，人群活动分布现状，以及相关的上位规划文件和图纸等。通过规划设计人员对这些基础数据的分析评估和对街道空间多元的关系人访谈，整理出当前项目街道存在的主要问题，并把这些问题以图文并茂的形式公示，在取得众多街道关系人共识的同时，完善对问题的认知广度和深度。

在第一阶段取得良好认知的基础上，第二阶段的工作着重形成街道品质提升的目标。这些目标包括解决全部或部分现状问题，确定项目街道在其所处的区或整个城市的功能地位，以及确定项目街道在未来理想街道探索中所起的实验或引领作用。从时间节点上，这些目标包括近期的实施计划，以及中期的工作和远期愿景。比如，近期的实施计划可以是以加强现有的街道管理和维护为重点的小规模街道环境整治工作，包括去除涂鸦、小广告、干枯的植物等，维修街道座椅、小品、垃圾桶等，规范自行车停车区。这之后再进一步审视一下是否有不必要的栏杆或信号标识需要移除，通过这些工作很容易改变街道的面貌，使得原来没人待见的街道变得有人关心❶。

小规模的环境整治（或称作为"街道微改造"）可以进一步扩展，通过整体而不只是单一地规划街道品质要素，综合提高街道空间设计的标准。有些分配街道空间使用区域的划线可以去除，同时铺设优雅路面形成安全并且直接的过街通道。建筑物上可以安装路灯，同时把市政设施入地，并规整街角空间以方便行人安全便利地使用这些空间。整修地面铺装并且协调地下市政设施的地面盖板与铺装材料以达到统一的质感和视觉效果。再把街道品质提升的规模扩大一点，就涉及改变现有的道路空间配置，通过重新分配地面空间使用，加强街道场所空间或通行空间的功能，或者同时加强场所和通行两个功能。

❶ Colin J Davis. Street Design for All: An update of national advice and good practice [R/OL]. Public Realm Information and Advice Network（PRIAN）, 2014. http://www.civicvoice.org.uk/uploads/files/street_design_2014.pdf.

中期和远期的街道品质提升计划在把项目街道置身于更大的规划纬度方面起着非常重要的作用，但这些中长期的目标有一部分会被安排实施，而另一部分需要不断地调整。中长期街道空间提升计划中安排实施的部分是那些不与现状问题直接相关，但可以把街道品质提升至超越地方街道的水平级上。比如，体现街道所在城市的历史特色、智慧城市的最新水准、低碳城市的创新设计等。而需要不断调整的部分也是不可或缺的，中长期的规划目标会随着近期品质提升的效果以及其他社会经济的变化，在不断达成共识的过程中重新生成、改变。

这一阶段的工作和第一个阶段一样，需要有公众参与。可以通过发布会、展览、圆桌会议等形式在目标方案形成的过程中以及方案的修改过程中邀请公众献计献策。这样不但增加街道品质提升项目的规划设计透明度，也建立街道多元化的关系人对提升项目的主人地位感，提高项目实施的成功率。

街道品质提升项目的第三个阶段，是实施第二阶段形成的方案，并对实施进行评估。项目实施需要协调与各项工作相关的专业人员，安排不同工作的起始时间和进度，保证资金、材料、人员按计划到位并完成相应的任务。项目的评估在所有实施工作完成并通过验收后启动，主要评估：①品质提升项目是否解决了第一个阶段发现的问题；②品质提升后的街道是否满足街道空间作为场所应有的功能；③品质提升后的街道是否满足街道空间作为道路应有的功能。评估的结果公示于众，并存入街道基础资料库。根据评估结果，确定下一轮街道品质提升工作的开始时间。

3.5　小结

提升街道品质的诉求和实践古已有之，其做法包括自下而上由街道居民或市民主导的提升活动，以及自上而下由地方政府主导的提升项目。成功的街道品质提升工作需要考虑街道居民、市民以及街道管理人员的多样性诉求，他们的职责定位和利益关系。在中国经济社会转型时期，物业的权属关系、业主的租赁合同、地方政府领导人的决策偏好、职能部门的职责划分以及不同性质的街道对实体和社会环境的要求，决定了街道品质提升的工作重点以及工作方法。目前中国街道品质提升重点解决人性化、通

行顺畅、场所功能以及多部门多元素协调问题，体现了由粗放型发展向精
细化发展转型的要求。根据街道居民、市民、地方政府的具体情况制定街
道品质提升规划设计，并结合部门职能定位有效实施，是街道品质提升工
作中亟待创新的部分。

第二部分

案例篇

第4章
欧洲街道品质提升案例分析

4.1　英国·伦敦展览路

　　伦敦的展览路（Exhibition Road）位于英国大伦敦地区肯辛顿—切尔西皇家自治市，因1851年举办万国工业博览会而闻名于世。展览路南起伦敦地铁环线和皮卡迪利线交汇处的南肯辛顿站，北至海德公园，全长820米，道路两侧聚集着诸多著名的博物馆、艺术中心及教育机构，每年吸引游

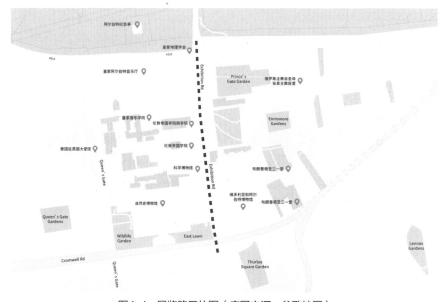

图4-1　展览路区位图（底图来源：谷歌地图）

客1100万人次❶，是伦敦著名的历史文化型街道。该街道的品质提升工程于2010年2月份开始实施，于2011年12月份改造完成，英国每日邮报称其为英国21世纪城镇街道高品质的典范❷。

4.1.1 项目改造背景

1851年世界博览会成功举办之后，为给艺术与科学机构创建归属感之地，展览会协会在海德公园附近买下了包含了展览路本身所在的87公顷的区域，此后，诸多博物馆、艺术馆及院校开始陆续聚集此地❸。迄今为止，展览路已有150年的历史，这条不到1公里的文化大道，精英荟萃，活力非凡。其中从南肯辛顿地铁站到克伦威尔路，以咖啡馆和餐馆居多，街道人气旺盛；从克伦威尔路到帝国学院路，道路两侧聚集着维多利亚和阿尔伯特博物馆、自然史博物馆、科学博物馆；从克伦威尔路到海德公园，分布着伦敦帝国学院、皇家音乐学院、皇家阿尔伯特音乐厅、皇家地理学会、突尼斯共和国大使馆、阿富汗大使馆等诸多艺术和学术机构及少量的住宅❹。

类似于其他公共设施一样，这条在世博会后兴建的道路，虽然笔直且宽阔，但是街道上的开口仅是博物馆的侧门和沿线零星住宅的大门，这导致街道的功能定位十分模糊，是服务于博物馆这些公共建筑的文化大道还是为沿线的私宅提供进出的居住区道路❺。同时，随着小汽车出行量的增加，人行道经常被停放的旅游巴士、小汽车及街道设施占据，使本来较窄的人行道出行环境更为恶劣，行人常常需要借用车行空间行走，拥堵的车行交通和较差

❶ 由肯辛顿—切尔西皇家自治市政府官网中关于展览路的简介整理而来，具体可参考：https://www.rbkc.gov.uk/exhibitionroad/welcome-to-exhibition-road。
❷ RAY MASSEY. No kerbs, pavements or nanny-state signs: Britain's longest clutter-free street is unveiled to make things SAFER [EB/OL]. (2012-02-2)[2019-09-03]. https://www.dailymail.co.uk/news/article-2094939/Britains-longest-clutter-free-street-unveiled-make-things-SAFER.html.
❸ The Harrington Collection. South Kensington is a cultural centre but what is its history? [EB/OL]. (2019-7-12)[2019-09-03]. http://www.theharrington.com/blog/south-kensington-is-a-cultural-centre-but-what-is-its-history.
❹ 由狄克逊琼斯建筑事务所官网中关于展览路项目改造信息整理而来，具体可参考：http://www.dixonjones.co.uk/projects/exhibition-road-project/。
❺ Rowan Moore. Exhibition Road, London-review [EB/OL]. (2012-01-28)[2019-09-03]. https://www.theguardian.com/artanddesign/2012/jan/29/exhibition-road-rowan-moore-review.

的行人出行环境，使展览路的街道环境十分糟糕❶。

　　1994年，英国环境部和交通部联合出版了《规划政策指引 13：交通》，这种鼓励对环境影响小的替代小汽车出行方式的理念❷，再加上展览路本身定位的不清晰和糟糕的街道环境刺激了1994年"阿尔伯特项目"的诞生，英国建筑师诺曼·福斯特提出在新千年到来之前要对展览路及周边区域进行综合改造，这个华而不实的计划过于野心勃勃，其数百万英镑的资金预算来源于刚刚成立的英国国家彩票机构，且涉及多家机构之间的协调，最终没能实施。而后丹麦建筑师丹尼尔·李博斯金提出对维多利亚和阿尔伯特博物馆进行大规模装修，以其张扬、前卫的外表打破展览路沉闷的氛围❸，这个计划也不了了之。

　　2003年，伦敦市中心开始实施交通拥堵收费，倡导采用经济手段减少市中心交通拥堵，改善慢行交通出行环境。在这一政策的影响下，同年肯辛顿—切尔西皇家自治市政府决定尝试着对展览路进行改造，项目负责人为政府代表莫伊伦❹。在建筑师兼市长顾问理查德·罗杰斯的支持下，市政府举办了展览路改造设计竞赛，许多著名的建筑师诸如扎哈·哈迪德、大卫·奇普菲尔德等都参与了该项目的角逐，最终杰里米·狄克逊和埃德·琼斯胜出❹。此后，肯辛顿—切尔西皇家自治市政府在威斯敏斯特市政府、伦敦市交通局、英格兰遗产委员会及展览路文化团体的共同帮助下，开始实施展览路的改造工程❸。展览路改造计划获得政府认可后，被盲人团体告到了法庭，还因周边住宅的停车问题产生了不少纠纷❸，虽然一路磕磕绊绊，但是后来在英国"更好的街道计划"项目推动下，于2009年开始启动，历时三年，于2012年伦敦奥运会举办前夕完工。

---

❶ Mayor of London, urban design London, Transport for London. Better Streets Delivered: Learning from Completed Schemes [R]. UK: Transport for London, 2013.

❷ Michael R. Gallagher. 追求精细化的街道设计 ——《伦敦街道设计导则》解读 [J]. 王紫瑜 编译. 城市交通，2015（4）：56-64.

❸ 唐昀. 伦敦展览路展示21世纪街道范本 [EB/OL]. （2012-02-11）[2019-09-03]. http://news.ifeng.com/c/7fbQSg4dDv5.

❹ Rowan Moore. Exhibition Road, London-review [EB/OL]. （2012-01-29）[2019-09-03]. https://www.theguardian.com/artanddesign/2012/jan/29/exhibition-road-rowan-moore-review.

展览路改造计划重要节点❶ 　　　　　　　表4-1

时间	事件	时间	事件
2009年1月	南肯辛顿开始研究展览路的交通管制策略	2009年8月	南肯辛顿地铁站处变为双向交通
2009年12月	南肯辛顿交通管制计划生效	2010年2月	展览路改造计划启动
2010年3月	展览路改造计划宣传新闻出台	2010年4月	南肯辛顿开始广泛征集意见
2010年6月	第一段路面开始铺砌花岗岩	2010年6月	盲人团队对展览路改造计划反馈
2010年9月	伦敦交通局与南肯辛顿公交公司沟通展览路方案	2010年10月	展览路改造方案第二轮征求意见
2010年11月	南肯辛顿与自行车租赁公司协商成功	2011年1月	美国国家电网完成了克伦威尔街道的施工
2011年2月	街道铺装	2011年3月	在蒙特罗斯球场与南肯辛顿车站前种植树木
2011年5月	第一批7个照明灯杆开始安装	2011年6月	展览路两侧的商业开始运营
2011年9月	所有的照明灯具安装完毕	2011年10月	展览路对外交通开放
2011年12月	展览路施工完毕，道路完全对外开放	2012年2月	伦敦市长正式对外宣布：展览路开街

4.1.2　项目改造实施方案

　　展览路改造方案顾问团队由建筑、交通、结构、工程管理及前期调查等专业人员组成，其中总体规划及建筑方案由狄克逊琼斯建筑公司完成❶。该工程共耗资2900万英镑，是伦敦"市长100个公共空间改造计划"项目中花费最高的，其中道路改造方案的发起者和道路所在地政府——肯辛顿—切尔西皇家自治市出资最多，为1460万英镑，伦敦市交通局出资1340万英镑，同时相邻的威斯敏斯特市赞助了100万英镑❶。

---

❶ 作者根据肯辛顿—切尔西皇家自治市政府官网中关于展览路的改造时间信息进行整理的，具体可参考：
https://www.rbkc.gov.uk/exhibitionroad/what-has-changed/timetable.

改造前街道照片（图片来源：谷歌地图）　　　　　　　改造后街道照片（图片来源：作者拍摄）

图4-2　博物馆段街道改造前后对比

用排水带用来划定行人专用区

在"过渡区"提供自行车停车、机动车停放和休憩区，道路一侧设有双向行车系统

长椅位于街道的西侧，开启了人行道，同时提示车辆进入交叉道口处

与Consort Road公路的交界处标志着从南行的两条车道变为南行的一条车道

信号交叉口仅用于肯辛顿宫和海德公园；独特的铺砌结束以突出这些道路上的车辆优先

在巴士站，做出高0.1米的路缘

行人可以在停车位和街道家具之间自由行走。大型照明柱将该区域与双向交通流部分分开

尽管铺设均匀，街道在与Consort Road王子路口交汇处以北的地区更为规整，行人往往更严格地依附于舒适区域

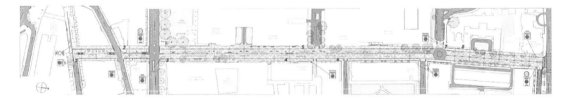

图4-3　展览路改造方案平面布局（图片来源：实景由作者拍摄，平面图来源见注释❶）

　　展览路改造目标致力于艾伯特亲王❷所提倡的为所有背景出身和年龄段的人提供学习与接触文化的机会，"共享空间"的改造方案采用"一展平"的花岗岩铺装，消除人行道、机动车道之间的路缘石；在街道中央安装路灯，并尽量减少街道家具、设施及其他障碍物，给行人最大的视野与步行自由

❶ Transport for London. Better Streets Review.［R］. UK:Transport for London, 2012：44-51.
❷ 艾伯特亲王于1843年起担任皇家艺术学会的主席，1851年世界博览会起源于皇家艺术学会每年的年展，且世博会的成功很大程度上源于他的努力推动。博览会后，盈余的18万英镑被用于在伦敦的南肯辛顿购买土地，并兴建起教育和文化机构，包括后来被命名的维多利亚与艾伯特博物馆，亦是起源于此（来源于维基百科）。

度，让周边的建筑一览无余❶。同时在路中间设置灯杆，带状的雨水盖板沟区分人行道"舒适区"与其他区域，街道的限速为20英里/小时，街道中间树立了大的灯杆，并以黑白相间的铺装样式让驾驶员警觉，提醒驾驶员谨慎驾驶。这种钻石型的铺装花纹、高大整齐排列的路灯成了展览路独一无二的特质，并使展览路成为伦敦闻名于海内外的旅游网红地之一❷。

4.1.3 项目改造后评价

项目改造方案获得了多次英国大奖，是2011年新伦敦奖项中城所营造项目、2012年伦敦土木工程奖项中社区项目、2012年伦敦交通工程奖项中步行及公共场所项目的获奖者，并获得了2012年英国皇家建筑师协会及2013年市民信任奖项❹。英国海内外的诸多媒体都给了展览路改造很高的评价，其中英国《卫报》评价说，尽管展览路的改造过程中困难重重，但是其改造后的面貌与其历史底蕴相匹配，在英国实属少数，改造策略值得推广至更多的区域❷。中国凤凰网认为伦敦展览路是21世纪街道范本❺。此外，现场调查表明，75%的受访者认为街道改造效果整

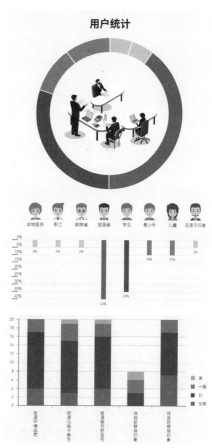

图4-4　现场受访者对展览路的评价
（图片来源：见注释❸）

---

❶ Mayor of London, urban design London, Transport for London. Better Streets Delivered: Learning from Completed Schemes [R]. UK: Transport for London, 2013.

❷ Rowan Moore. Exhibition Road, London-review [EB/OL]. (2012-01-29)[2019-09-03]. https://www.theguardian.com/artanddesign/2012/jan/29/exhibition-road-rowan-moore-review.

❸ Transport for London. Better Streets Review. [R]. UK: Transport for London, 2012：44-51.

❹ 由狄克逊琼斯建筑事务所官网中关于展览路项目改造信息整理而来，具体可参考：http://www.dixonjones.co.uk/projects/exhibition-road-project/。

❺ 唐昀. 伦敦展览路展示21世纪街道范本 [EB/OL]. (2012-02-11)[2019-09-03]. http://news.ifeng.com/c/7fbQSg4dDv5.

体良好，有一大部分人认为这条街道应该变为步行街，有些人认为应该在街道上增加一些路障，能有效地降低小汽车的速度。

在展览路改造完成后，肯辛顿—切尔西皇家自治市政府于2012年8月、2013年4月、2013年8月、2014年1月及2018年4月对街道上的行人和机动车运行状况进行监测，并根据实时的监测结果对展览路进行改造，以更好地迎合街道需求❶。

4.1.4　案例启示

展览路的改造使用了共享街道的概念，消除了人行道与机动车道之间的路缘石，并统一采用了适合行人通行的铺装材质，用视觉上（钻石状的铺装花纹）和管理上（限速20英里/小时）的措施削弱了机动车的主导性，既满足了行人、非机动车和机动车等不同使用者对共享空间的需求，又融合了周边的建筑环境营造了较好的街道场所感。这种无法完全消除机动车交通、采用街道设计手段削弱机动车地位的做法，值得我们学习。国内很多街道两侧用地积聚了商业、办公、居住等综合服务功能，街道的交通功能往往短期内不能消除，需要同时满足交通功能及街道的场所功能，也许共享街道不失是一种较好的选择。

展览路改造的成功与其良好的协调机制分不开。为满足不同使用者的需求，项目改造的整个过程中，当地市政府一直就街道设计、交通组织及停车管理的方案与周边的居民、业主及社会团体进行沟通协调，并且每个月给周边的业主发放月度进度通知单，同时给临近区域住户发送电子邮件。每一条街道的改造都是为周边居民服务的，在街道改造中应该发挥公众参与的力量，做好沿线业主及居民的沟通服务工作，才能打造出令人满意的场所。

---

❶ 由肯辛顿—切尔西皇家自治市政府官网中关于展览路改造后监测数据进行整理而来，具体可参考：
https://www.rbkc.gov.uk/exhibitionroad/monitoring。

4.2　英国·伦敦沃克斯豪尔枢纽周边道路

　　沃克斯豪尔位于伦敦泰晤士河南岸的兰贝斯区，是伦敦重要的新城之一，整个区域的开发将带来2.5万个新工作岗位和2万个新家园，是为伦敦不断增长的人口提供就业机会和住房的重要区域之一。沃克斯豪尔交通枢纽位于沃克斯豪尔的核心区域，是集伦敦地铁、地上火车站及地面公交汽车站的综合换乘枢纽，枢纽周边主要以商业用地、居住用地、行政办公用地为主❶。

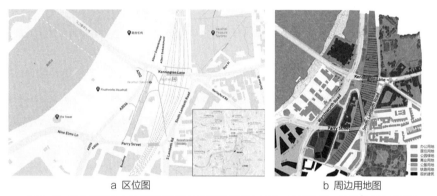

a 区位图　　　　　　　　　　　　　　　b 周边用地图

图4-5　沃克斯豪尔枢纽区位及周边用地图（图片来源：谷歌地图、伦敦交通局官网）

4.2.1　项目改造背景

（1）枢纽周边道路现状

　　沃克斯豪尔枢纽作为伦敦市兰贝斯区的重要交通枢纽，由Wandsworth Road、Parry Street、South Lambeth Road及Kennington Lane四条道路围合而成，通过单向交通进行组织，局部路段设有独立的非机动车道，基本情况如下。

　　1）Wandsworth Road

　　Wandsworth Road是兰贝斯区内沿泰晤士河走向的南北向城市干路，现状道路西侧为住宅用地，局部设有临街商铺，现状已开发完毕；东侧为商业及交通枢纽设施用地，目前商业用地暂未开发。现状道路为单向五车道，

---

❶ 本节沃克斯豪尔枢纽改造的相关信息是由伦敦交通局官网中相关资料进行整理而来，具体可参考：
https://consultations.tfl.gov.uk/roads/vauxhall-cross/。

a 区位图   b 道路现状图

图4-6   Wandsworth Road道路现状（图片来源：谷歌地图）

道路西侧设有2.5米宽的双向通行自行车道及2米宽人行道。

2）Parry Street

现状道路北侧为交通枢纽设施用地及商业用地，现状商业用地暂未开发；南侧为商业及物流仓储用地，目前部分商业正在开发，沿街未设置临街商铺。道路下穿现状铁路，现状道路为单向四车道，道路两侧设有2米宽人行道，未设置自行车道。

3）South Lambeth Road

现状道路西侧为交通枢纽设施用地，局部设有临街商铺；东侧为居住及行政办公用地，临街未设置商铺，目前周边用地均已开发完毕。现状道路为单向四车道，道路西侧设有2米宽人行横道，道路东侧设有2.5米宽的双向通行自行车道及5米宽人行横道。

4）Kennington Lane

Kennington Lane是泰晤士河上沃克斯霍尔桥的衔接道路，是连接泰晤士河两岸的重要干路，现状道路两侧主要为交通枢纽设施及公园绿地为主，

a 区位图   b 道路现状图

图4-7   Parry Street道路现状（图片来源：谷歌地图）

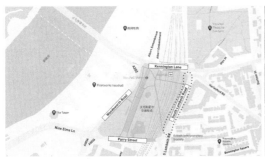

a 区位图　　　　　　　　　　　　　　　b 道路现状图

图4-8　South Lambeth Road道路现状（图片来源：谷歌地图）

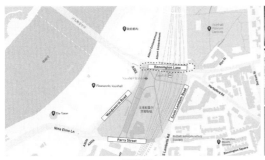

a 区位图　　　　　　　　　　　　　　　b 道路现状图

图4-9　Kennington Lane道路现状（图片来源：谷歌地图）

道路下穿现状铁路，现状道路为单向四车道，北侧设有双向通行的伦敦专用自行车道（CS5）及3米宽人行道；道路南侧设有3米宽人行横道。

（2）存在的问题

沃克斯豪尔交通枢纽是兰贝斯区重要的人流集散地，每天有大量客流通过沃克斯豪尔枢纽的地铁、城铁及公交进行集散，整个枢纽人流量极大，但该枢纽的交通组织以机动车交通出行效益最大化为目标，每条道路均在四车道及以上，高峰时段公共交通与非机动车交通出行比例高达90%，机动车交通仅占10%，道路资源利用率低。在非高峰期车少路宽的情况下车辆经常超速行驶，给行人和非机动车交通带来巨大的安全隐患。目前伦敦所有涉及行人和自行车的交通事故中，发生在沃克斯豪尔交通枢纽所在区域的比例最高。

与此同时，该区域的慢行交通出行不够友好，每天有大量行人通过沃克斯豪尔枢纽集散，但现有过街设施的设置与行人实际运行轨迹并不一致，致使慢行交通不遵守交通规则横穿马路现象严重。位于Harleyford Road与

Kennington Lane上的伦敦专用自行车
道（CS5）虽然提供了较好的自行车通
行空间，但枢纽周边其他道路自行车道
条件较差，且与CS5之间的衔接也较差。

为了使沃克斯豪尔交通枢纽道路更
加安全可靠，给慢行交通创造一个更安
全，更舒适的环境，完善整个地区的慢
行交通系统，最终为生活和工作在沃克
斯豪尔周边以及通过沃克斯豪尔旅行的
人们创造一个更加美好的环境，英国伦
敦交通局（Transport for London）启
动了沃克斯豪尔交通枢纽改善项目。

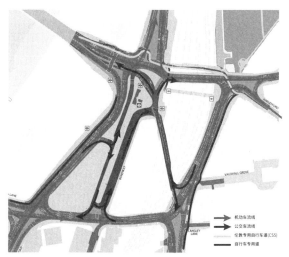

图4-10 沃克斯豪尔交通枢纽现状交通组织图（图片来源：
本图流线由作者绘制，底图来源于伦敦交通局官网）

4.2.2 项目改造实施方案

整个项目从2014年启动一直持续至今，在此期间交通规划师通过重新
分配路权、调整道路断面形式、交通信号控制方式、将单向通行重新调整
为双向通行等方式降低机动车车速及机动车流量，并将整个方案进行了多
轮的、广泛的征求意见。改造方案将整个路网体系的道路通行能力减少了
15%，虽然起初遭到交通工程师的强烈反对，但通过大量的案例研究、公众
参与以及交通模型计算，改造方案不仅没有导致拥堵状况的进一步恶化，反
而使得整个交通系统更加通畅，整个区域的交通出行更加的安全，更加的人
性化。

沃克斯豪尔交通枢纽的改造主要从机动车交通、行人交通及非机动车交
通三方面展开。

（1）机动车交通

规划将沃克斯豪尔交通枢纽周边单向交通改造为双向交通，同时减少部
分道路车道数以增加慢行交通空间。规划将Wandsworth Road单向五车道
调整为双向四车道，将South Lambeth Road单向4车道调整为双向三车道。

同时，取消原公交车辆位于Wandsworth Road与Kennington Lane
交叉口处的进出通道，将其调整为公共活动空间，通过位于Wandsworth
Road、South Lambeth Road及Parry Street上的进出口进行交通组织。

图4-11 公共空间改造效果（图片来源：伦敦交通局官网）

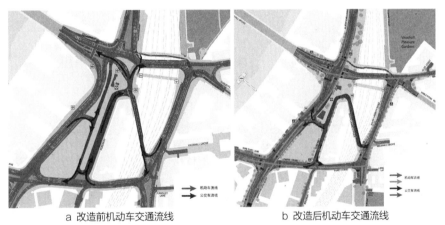

a 改造前机动车交通流线　　　　　　b 改造后机动车交通流线

图4-12 沃克斯豪尔交通枢纽改造前后机动车交通流线对比（图片来源：流线作者绘制，底图来源于伦敦交通局官网）

（2）行人交通

沃克斯豪尔交通枢纽行人交通改善的关注重点体现在过街设施及步行环境上。通过重新规划Wandsworth Road与Kennington Lane交叉口及South Lambeth Road 与Kennington Lane交叉口，增设人行过街横道来改善该区域横穿马路的现象。

在步行环境方面，通过压缩South Lambeth Road机动车道数，减少人行过街宽度并增加步行空间，同时通过绿色植被的点缀，提升整个道路的步行出行环境。

South Lambeth Road改造前为单向四车道，改造后为双向三车道，将剩余空

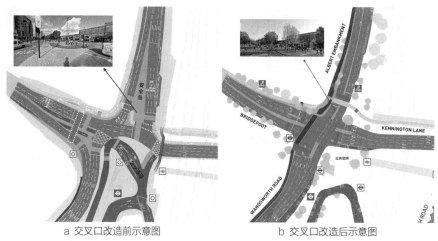

a 交叉口改造前示意图   b 交叉口改造后示意图

图4-13　Wandsworth Road与Kennington Lane交叉口改造前后对比（图片来源：伦敦交通局官网）

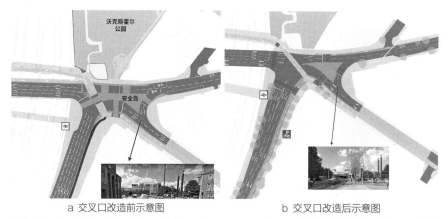

a 交叉口改造前示意图   b 交叉口改造后示意图

图4-14　South Lambeth Road与Kennington Lane交叉口改造前后对比（图片来源：伦敦交通局官网）

间用以设置绿化及人行空间，并通过设置行人过街信号灯以提高过街安全性。

（3）非机动车

规划取消CS5位于Kennington Lane上非机动车双向分离行驶的交通模式，利用现有的铁路桥下涵洞，保证CS5双向通道的连续性。

规划对South Lambeth Road东侧现有的自行车道进行改造升级，同时在Nine Elms Lane北侧、Miles Street北侧及Bondway西侧新增独立的自行车道，在Wandsworth Road西侧新增独立自行车道并向北一直延伸至New Spring Gardens Walk，向南延伸至Miles Street，形成非机动车交通网络。同时，规划在Wandsworth Road与Miles Street、Nine Elms Lane、

a 道路改造前示意图   b 道路改造后示意图

图4-15 South Lambeth Road改造前后对比（图片来源：伦敦交通局官网）

Bridgefoot交叉口，New Spring Gardens Walk与Albert Embankment交叉口设置非机动车过街信号灯并优化过街通道，提高非机动车交通出行安全。

通过设置在Albert Embankment、Bridgefoot、Wandsworth Road、Bondway和South Lambeth上的独立非机动车道与CS5构成整个沃克斯豪尔枢纽的非机动车交通系统。

机动车交通方面，虽然整个改造方案使得道路通行能力减少了15%，但通过大量的研究及交通模型计算，这一方案并没有导致交通拥堵情况的恶化，反而使得交通更顺畅；行人交通方面，通过在有过街需求的地方增设人行过街横道，使得人行过街更加顺直，更加契合公众的出行路径，减少行人的绕行距离，从而减少行人横穿马路的现象；非机动车交通方面，在对枢纽周边非机动车道现有情况进行梳理的基础上，对CS5进行改造以将整个区域的非机动车道有效地联系起来，构成一个完善的非机动车道网络。

a 改造前非机动车交通流线   b 改造后非机动车交通流线

图4-16 非机动车交通系统改造前后（图片来源：流线作者绘制，底图来源于伦敦交通局官网）

4.2.3　案例启示

为提高沃克斯豪尔交通枢纽周边慢行交通出行环境，营造一个更加安全、舒适的空间，伦敦交通局在反复征求市民意见的基础上，提出了改单向交通为双向交通以人为本的总体措施，并在此基础上，梳理周边区域慢行交通出行情况，对整个区域慢行交通进行了精细化的设计。通过对沃克斯豪尔交通枢纽改造方案的学习，主要有以下几方面的启示。

（1）由"车本位"向"人本位"的转变

英国伦敦作为一个机动化水平较高的国家，早在20世纪90年代就开始鼓励公共交通出行，逐步认识到小汽车出行所带来的各种问题，在随后一系列的规划及政策的制定中不再仅仅从机动车角度思考，越来越多的人文关怀得到了关注，思想也逐步从"车本位"向"人本位"进行过渡及转变。

沃克斯豪尔的改造是由"车本位"向"人本位"转变的最好体现，改变了以往机动车交通出行效率最大化的原则，关注的焦点集中在行人及非机动车上，一系列的改造措施降低了道路的通行能力，但是大大地提高了慢行交通的出行环境以及公共空间的舒适性。街道的规划设计，也同样强调以人为本，注重慢行交通体验，在实施过程中也会涉及与机动车的路权之争，如何在实施过程中坚守以人为本也是整个街道设计的关键。

（2）加大公众的参与度

沃克斯豪尔交通改善项目一开始就非常注重公众的参与度，单向交通转变为双向通行、公交车站的调整等一系列的方案均由公众参与投票表决，2014年开始累积收到2000多份有效回复，最终有77%的受访者表示支持或强烈支持对沃克斯豪尔进行改造以创建一个繁荣的城市中心，同时有65%的人支持将沃克斯豪尔现状的单向交通调整为双向通行，有63%的人支持对公交车站进行调整，以构建更加广阔的公共空间。

街道是属于公众的，其规划设计也应该有公众的广泛参与，只有在规划设计阶段充分吸取了广大市民的意见，才能准确掌握大众的需求，最后的作品才能被广大市民接受。

（3）慢行环境的打造是重点

沃克斯豪尔改造的初衷，就是为了打造一个良好的慢行出行环境，精细化的设计以及人性化的理念贯穿整个设计阶段，提升慢行环境不仅仅是增加绿化、整治沿街立面效果，慢行过街位置、路口渠化设计、信号控制、慢行道的设置等都是其重要的内容。

4.3　荷兰·阿姆斯特丹Potgieterstraat改造工程

Da Costabuurt区是阿姆斯特丹西自治市的一个比较小的社区，该社区建立于19世纪末期，紧邻市中心的西侧❶。Potgieterstraat街位于该社区的中心，东西走向，本次改造路段长约75米，建筑到建筑宽约20米。

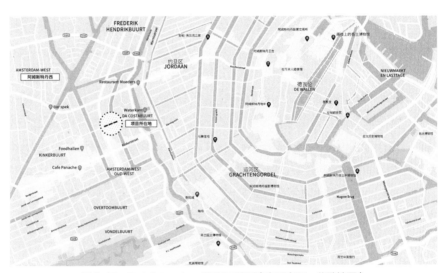

图4-17　Potgieterstraat项目区位图（底图来源：谷歌地图）

4.3.1　改造背景

Potgieterstraat街是一条典型的社区人流量比较大的街道，道路两侧以3~4层的住宅为主，底层分布有咖啡馆、餐馆、艺术用品店、舞蹈学校等。该道路是19世纪阿姆斯特丹一次城市扩张的产物，过去规划设计时街道两侧的建筑内院不对外开放，建筑立面的围和度较高，街道上公共广场及绿化

---

❶ 由网站中关于Da Costabuurt社区的简介进行整理而得，具体可参考：https://www.puurmakelaars.nl/en/buurtinformatie/amsterdam/amsterdam-west/da-costabuurt/。

图4-18 Potgieterstraat改造前现场照片（图片来源：谷歌地图）

比较稀少，与当今的公共生活不相适宜❶。街道为双向二车道，道路的南侧设置有一排停车带，街道上的空间被小汽车占据，人行道比较窄，同时近几年施划的自行车车道占据了人行道空间。为了提升街区活力，为行人提供一个舒适的通行空间，同时为便于邻里交流和儿童游戏玩耍提供停留驻足的空间，2010年受阿姆斯特丹市政府的委托，荷兰Carve景观建筑设计公司开始开展Potgieterstraat街道的改造计划❷。

4.3.2 改造方案

该方案改造思路是把街道当作一个可以玩耍的游乐场，为了把一部分街道空间重新留给城市居民所用，Carve设计公司将原有的二车道改造为单车道。设计采用了微地形处理手法，将道路南侧的空闲场地改造为有趣的儿童游乐场地。替换掉原有的铺装，利用黑色橡胶整合了多个具体的游乐项目，如爬行隧道、旋转球、蹦床、喷水器及耳语管等。橡胶地面柔软而又有弹性，不仅可以让孩子无忧无虑地玩耍，同时也可以有效地减少噪音，减少对周边居民的打扰。

❶ 由国际知名景观设计网站landezine的信息整理而得，具体可参考：http://www.landezine.com/index.php/2012/06/potgieterstraat-by-carve-landscape-architecture/。
❷ 由荷兰Carve景观建筑设计公司官网中关于Potgieterstraat街改造方案的介绍整理而得，具体详见：http://www.carve.nl/en/item/18。

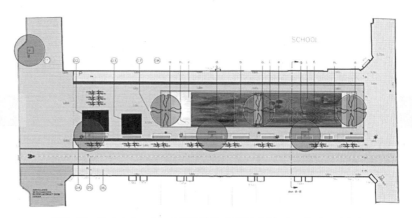

图4-19　Potgieterstraat改造平面图（图片来源：landezine官网）

图4-20　Potgieterstraat街道改造后现场照片

4.3.3　项目实施评价

　　Potgieterstraat街道改造的项目看起来非常简单，但是它的出现却成为当地街区一个标志性的事件，此处已经成了社区的新地标。改造后，原有的车行交通与停车场空间转变为一个儿童游乐场和一个会面、停驻、交流的场所，让不同背景、年龄、出身及社区的居民可以坐在木质的长凳上放松并愉快地交流❶。在天气允许的情况下，居民可在街头公园举办户外晚宴，大大地丰富了居民的休闲生活。

4.3.4 案例启示

（1）街道作为交流空间的重塑

Potgieterstraat街区打造的街头公共景观，第一眼看上去也许觉得很普通，也很简单，但是这是对一个社区公共空间的重塑，为居民、孩子提供了交流与嬉戏的场所。将此案例作为街道公共空间、低成本创意儿童活动场地的范本，是希望更多的城市设计者看能意识到街道不仅是承载交通出行的载体，更是所有居民的公共空间。

（2）积极的公众参与

居民的全过程参与是Potgieterstraat街头公园项目改造成功的关键因素。项目实施前，通过书面调查的形式征求社区居民的意见，最终70%的居民同意该计划，同时在设计师的选择中，居民也进行了投票选择❶。在街道方案的实施中，出现了很多冲突，比如说新上任政府对前任政府与居民达成一致意见的方案持有疑问、街道上的零售商对项目花费的疑问、居民不愿意街道上停车位减少以及市政府不同部门之间因缺乏有效的沟通导致项目进展迟缓，这些所有的问题最后都在街区居民的支持下得以化解。这个独特的游乐场的设计，吸引了大部分居民去支持方案的实施。国内很多街道设计方案在规划设计时公众参与较少，导致了项目实施时阻力很大，这个案例值得我们深思。

4.4 小结

欧洲是现代街道设计转型实践的先行者，本章选取了英国和荷兰两个街道设计最为典型的国家。由于街道改造的背景与当时的国家政策、城市发展背景、相关主体的诉求息息相关，三个街道改造方案的侧重点不同，有的注重交流场所的打造，有的注重交通条件的改善。其中展览路的改造使用了共

---

❶ 由国际知名景观设计网站landezine整理而得，具体可参考：http://www.landezine.com/index. php/2012/06/potgieterstraat-by-carve-landscape-architecture/。

享街道的概念，用视觉上和管理上的措施削弱了机动车的主导性，满足了不同使用者对共享空间的需求，又营造了较好的街道场所感；伦敦沃克斯豪尔枢纽以降低道路的通行能力、改善慢行交通出行环境为抓手提高街道的品质，而Potgieterstraat将原有的车行交通与停车场空间改造为一个儿童游乐场和一个会面、停驻、交流的场所。这些街道改造案例的相似之处均是平衡了不同利益群体的诉求，并以改善慢行出行环境为基础，通过采取不同的措施压缩机动车空间，从而创造了良好的街道空间。

第5章
北美洲街道品质提升案例分析

5.1 美国·加州西兰开斯特大道

　　西兰开斯特大道（West Lancaster Boulevard）位于兰开斯特市中心的一条东西向城市干道，西起第35大街，东至圣司大道，全长5.6公里，街道宽度（建筑到建筑）大约为30米，街道两侧多布局商业零售业及公共服务设施用地❶。2010年3月份，兰开斯特市城市更新局开始启动西兰开斯特大道

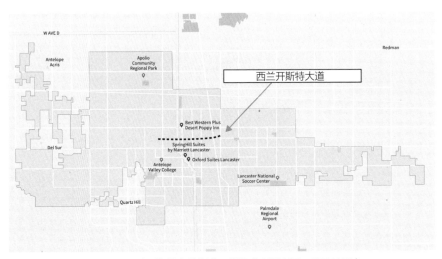

图5-1　西兰开斯特大道街道区位图（底图来源：谷歌地图）

---

❶ 本节中案例分析是根据兰开斯特市官网（https://www.cityoflancasterca.org）及Moule＆Polyzoides建筑设计所官网（https://www.mparchitects.com/site/projects/lancaster-boulevard-transformation）的相关资料进行整理而得。

（第十大街—迎宾大街）1公里路段的改造工程，历经8个月的改造，于2010年11月份改造完成，该改造工程不仅提升了街道的品质，还对复兴区域的经济起到了非常重要的作用，获得了多项设计奖项。

5.1.1　项目改造背景

　　兰开斯特市是美国西岸加利福尼亚州洛杉矶市北部的一个城市，距离洛杉矶市中心约110公里，是加州第31大城市，面积约245平方公里，人口规模约16万人。与许多其他加利福尼亚铁路城镇非常相似，兰开斯特市中心在19世纪末围绕南太平洋铁路的铺设形成了简单的方格网型街道，其核心区被西兰开斯特大道一分为二。在过去的一个世纪里，随着郊区的蔓延，兰开斯特市中心的传统特色逐渐消失了；同时受2007年美国经济危机的影响，兰开斯特大道沿线由曾经的充满活力的城市中心退化成了一个破旧的地区，成为经济衰败和犯罪滋生的源头，本地失业率超过18%，是全国水平的两倍。2008年加州颁布了《加州完整街道法案》，同年兰开斯特市完成了《中心区复兴规划》，在此宏观政策指引下，兰开斯特市更新局委托Moule & Polyzoides建筑设计事务所启动了兰开斯特大道及周边用地综合改造计划，希望能创造一个舒适的具有独特地点感的行人环境，为购物、各种社区活动和特殊活动提供高质量的城市环境，从而为兰卡斯特市中心建立一个新的形象。

图5-2　西兰开斯特大道改造前现场照片（图片来源：谷歌地图）

5.1.2 项目改造实施方案

Moule & Polyzoides建筑设计事务所以重塑兰开斯特市核心区的形象为目标，以将西兰开斯特大道改造成一条具有法国风情的步行林荫大道为设计理念，并设计相邻的街道、广场和步行街以产生出众的公共空间。该团队提出完全改造现有五车道干道，通过压缩车道的方法，重新分配路权，将道路断面调整为：10米中央绿化分隔带+2×6米车行道（包含1条共享车道+1条路边停车带）+2×4米人行道。

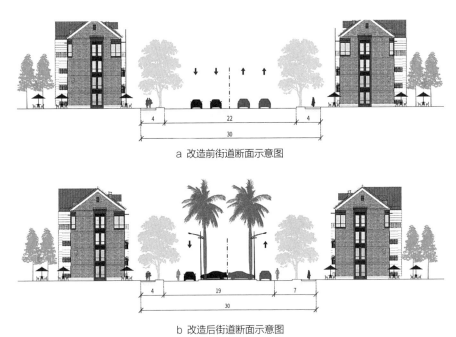

a 改造前街道断面示意图

b 改造后街道断面示意图

图5-3　西兰开斯特大道改造前后断面对比

该方案最大的特色在于往道路中央插入一条"法式林荫走廊（ramblas）"，将腾挪出来的中央绿化分隔带空间改造成一座双排树木的硬质长廊，作为公共空间，为定期举办的公共活动提供容纳供应商或展品的空间，而当不用于公共活动时，又可以提供额外的停车泊位。

除此之外，西兰开斯特大道改造的关键要素还包括设置共享自行车道，保证非机动车道行驶路权[1]；纳入交通静化措施，降低车辆行驶速度，压缩

---

[1] 美国城市交通官员协会. 城市自行车道设计指南 [M]. 张可，李晶，胡一可译. 南京：江苏凤凰科学技术出版社，2014: 141.

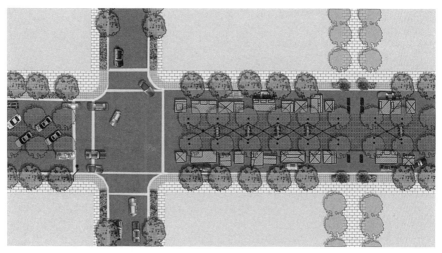

图5-4　西兰开斯特大道改造方案平面示意图（图片来源：谷歌搜索）

图5-5　改造后的街道现场照片（图片来源：兰开斯特市城市更新局官网）

车行道宽度；将建筑界面向街道界面自然延伸❶，增设遮阳篷和拱廊，设置完善的人行横道和中间穿越区域，丰富的街道树木、阴影和密集的行人休憩

---

❶ Lancaster Redevelopment Agency. The BLVD Transformation Project [R]. 2013.

图5-6　街道上设置的共享自行车道（图片来源：见注释❶）

图5-7　街道上设置的交通静化措施（图片来源：Moule＆Polyzoides建筑设计事务所官网）

设施，从而创造一个安全友好的步行环境；同时增添无障碍、照明、标识、公共网络和公共艺术等设施，提升街道的品质。

5.1.3　项目改造后评价

该项目为兰开斯特市城市更新局联合中心区商业协会及私人开发商共同改造的，项目改造完成后，取得了良好的社会和经济效益。西兰开斯特大道沿线成了市中心区的购物、聚会及休憩的主要场所，也为市中心区的经济复兴发挥了重要的作用，深受当地居民的好评。据不完全统计，项目改造中提供了1100建筑岗位，同时新产生了802个商业和零售岗位；项目改造完成后，街道沿线吸引了37家商家入驻和807栋房屋的新建/改建；项目改造共投入1.48亿美元，其沿线的每年经济产出为2.73亿美元，且每年的税收达到1320万美元❶。

由于该改造项目表现卓越，获得了多个区域、州和国家层面的奖项，其中最有分量的为美国环境保护署颁发的2012年城市精明增长总体成就奖，以及国际市中心协会颁发的2013年市中心公共空间奖，并获得了2014年圣费尔南多山谷商业杂志颁发的最佳改造工程奖项❷。

❶ Lancaster Redevelopment Agency. The BLVD Transformation Project [R]. 2013.
❷ 由Moule＆Polyzoides 建筑事务所官网进行整理而得，具体详见：https://www.mparchitects.com/site/projects/lancaster-boulevard-transformation。

5.1.4　案例启示

　　西兰开斯特大道综合改造项目能够在经济大萧条中期，以两年半的时间得以快速而彻底的实施也是该项目的一大亮点。这得益于与当地组织、社区和政府在整个项目进程中的坚定而持续的支持与帮助。改造项目与社区直接合作，通过公开会议和特别活动收集当地组织（包括BLVD协会和商会）以及整个社区的意见，因此最终确定的改造方案能够真实反映社区居民的需求和愿望。

　　同时该街道道路的改造中应用了"道路瘦身"的理念，美国"道路瘦身"策略常用的有四车道改造为三车道、三车道改造为二车道、非机动车道增设物理隔离三种形式❶。该理念倡导更多的是提高交通安全性、平衡不同交通方式的设计理念，对我国目前的道路设计向以人为本理念的转型有着重要的现实意义。

5.2　加拿大·温哥华皇冠街❷

　　皇冠街（Crown Street）位于加拿大不列颠哥伦比亚省皇冠区，街道长485米，东侧毗邻23座居住单元，西侧为Musqueam公园，作为汇入

图5-8　皇冠街区位图（底图来源：谷歌地图）

---

❶ 杨帆航，李瑞敏. 美国道路瘦身发展综述. 城市交通，2017.15（03）：第27-35页
❷ 本案例是由皇冠街改造报告整理而来，具体详见：Crown Street-Vancouver's First Environmentally Sustainable Street［R］. The City of Vancouver, 2005.

Musqueam流域的一条支流，是温哥华境内最后仅有的两条还有三文鱼生存的河流之一，一直由The Musqueam Indian Band和大卫铃木基金会进行保护和治理。

5.2.1   改造背景

2001年，位于温哥华南部皇冠区的街区居民强烈要求开展皇冠街街道整治工程以解决日益恶化的道路路面破损问题。为了保持皇冠区的乡村景观特色（"南部地区计划"禁止该地区采用路缘和排水沟设计），温哥华市与The Musqueam First Nation、Federation of Canadian Municipalities、University of British Columbia、Greater Vancouver Regional District 以及当地居民共同合作，通过一种让人惊喜的创新技术对居住社区进行街道设计和雨水管理。该项目曾经一度因为成本过高而被搁置，直到2003年4月，加拿大市联邦政府通过绿色市政基金，授予该市563万美元（约占预计成本的一半）资金支持，2004年10月温哥华的第一个环境可持续性街道建设得以正式开始实施，并最终成了温哥华街道改造项目之标杆。

该项目由温哥华市、加拿大城市联盟绿色市政基金、皇冠街居民、The Musqueam Indian Band、大温哥华地区雨水机构协调组织共同出资承担；Greenways街道设计公司和给排水设计温哥华分公司共同完成初步设计；狄龙咨询有限公司负责详细设计工作；哥伦比亚Bitulithic有限公司为项目总承包；Lees and Associates负责详细的景观设计；不列颠哥伦比亚大学的Ken J. Hall博士提供环境测评，重点评估项目对鲑鱼溪的生态环境影响。

该项目分两个阶段进行建设，一期工程于2004年2月完成，二期工程于2005年11月完成。

5.2.2   改造方案

皇冠街可持续街道改造设计解决了四个主要问题：雨水管理、街道美学、交通稳静和交通治理。整个设计过程延续了三年，包括概念开发、公众咨询和评审、资助申请与详细设计。为了实现设计目标，皇冠街采用了一系列创新的可持续发展技术。

（1）设置沼泽系统（植草沟）

该项目的最大亮点在于第一次尝试开发了"沼泽系统"（类似于我们常说的植草沟），区别于传统沟渠排水系统，该系统采用专门设计的草地林荫大道和池塘网络，利用地面吸收径流的自然倾向，收集路面雨水。皇冠街是这样一个测试项目的理想场所，因为它沿途的空地比例非常高，缺少现有的路缘和排水沟。该系统允许雨水渗入当地的地下水位，而不是在降雨后以高流速冲入附近的流域；也为种植天然草、灌木和树木提供了理想的栖息地；这些植物在进入流域之前还能够帮助吸收和处理路面通道雨水中发现的污染物。

（2）结构性土壤

结构性土壤作为一种技术创新，是皇冠街上隐藏的宝藏之一。它混合了一些有机材料的结构填充，能够允许地表植草自行超越表层填满土壤。蜂窝状的植草格，位于结构性土壤基础之上，一旦空隙充满了表土，它就为植物的生长提供了一个媒介，可以支持汽车的负载。

a 改造前（图片来源：谷歌地图）　　　　　b 施工中（图片来源：谷歌地图）

c 改造后（图片来源：作者拍摄）

图5-9　皇冠街改造前后对比

图5-10　皇冠街植草沟现场照片

（3）再生混凝土人行道和花岗岩路缘石

　　为符合环保主题，该项目铺设的人行道混凝土材料是从城市其他地区道路改造项目中拆毁的人行道再利用而来，其中一些花岗岩路缘几乎有世纪之久，这种历史性的传承能够在街道重塑过程中得以体现，获得了皇冠区当地居民的一致认可，并且再生材料的应用也起到了缩短建设周期和成本的重要作用。

图5-11　皇冠街结构性土壤施工后图片

图5-12　皇冠街再生混凝土人行道和花岗岩路缘石

（4）蜿蜒曲折的道路线型

为了进一步减少不透水道路路面的面积，该项目将道路宽度缩小到6.7米，远低于市政府规定的8.5米的标准。3.5米的狭窄沥青路面边界铺设有1米宽混凝土路面，旨在视觉上缩小车行空间。此外，通过增加曲线将道路线型变得曲折轻缓，起到强制降低车行速度的效果。

（5）跨河箱涵改造

项目二期工程中皇冠街第46大道至第48大道区间段内有两处跨河通道，分别是与Musqueam河及Cutthroat河相交，出于渔业和海洋部门保护

图5-13　皇冠街蜿蜒曲折的道路线型

a 改造前（图片来源：谷歌搜索）   b 改造后（图片来源：作者拍摄）

图5-14   皇冠街跨河箱涵改造前后对比

三文鱼计划的强制性要求，项目将原本的小型混凝土箱涵改造成大型的天然底铝合金拱门。水堰被放置在涵洞的入口和出口，以创造理想的鱼类栖息环境。

除了创新的设计手段，广泛而充分的公众咨询也是该项目的特色之一。整个项目规划、设计和实施过程中包括了三次公开会议、四次民意调查以及不计其数次对当地居民的意见征集，因为有效地传达项目的设计目标和概念对于获得当地居民的投票支持至关重要。居民往往非常关心街道改善在停车、环境和经济效益方面会给自身带来何种影响，同时也非常担心由于植被增加而可能涌入的野生动物。在这样的背景下，设计师和当地居民一起工作，根据他们的要求调整设计方案，比如增加停车泊位、独特的景观美化以及深入研究洼地对动物生活的影响等。沟通贯彻了项目始终，施工期间，施工单位会应当地居民要求缩减绿植规模，增加人行道和公共空间；项目实施后关于讨论温哥华维护计划的非正式会议，也会邀请公园委员会和居民代表参加。

5.2.3   项目实施评价

皇冠街项目的第一阶段，包括咨询费用共花费88万美元，而传统的道路和排水改造工程费用约为45万美元。然而，作为可持续性示范工程项目，该项目其实还节省了很多潜在成本。

图5-15 皇冠街改造实施过程中征求居民意见现场（图片来源：谷歌搜索）

皇冠街改造实施中节省开支一览表　　　　　　　　　　　　表5-1

类别	主要内容	费用节省
截弯取直	勘测、施工和原材料上的节省	$35000
取消Golpla	取消Golpla的费用	$50000
通道建设	通道一次建成，减少远期建设投入	$20000
街道照明	改造工程包含了照明系统费用，而其通常是一笔城市专项投入	$40000
指路标识	为远期工程减少指路标识的投入	$20000
工程咨询	为远期工程减少咨询费用的投入	$100000
建筑外包	部分建筑工程工作外包创造的利润率	$120000
总计		$385000

　　皇冠街改造显示了温哥华市在居住区街道设计方面的重大进步。通过创新理念为温哥华市的居民提供实用性的街道，同时尽量减少对环境的影响。蜿蜒曲折的巷道两旁的植草沟系统与雨洪管理融合在一起，街道美化和交通宁静化设计促进街道的可持续发展。该项目获得TAC环境委员颁发的城市环境成就奖。

5.2.4　案例启示

该项目把一条破败的居民区级别的道路改造成了温哥华市第一条可持续的景观街。通过把交通和环境通盘考虑，在街道品质提升方法上有所创新。改造后的皇冠街在排洪蓄水、保护三文鱼栖息地、美化社区环境方面非常成功，具体体现在以下两方面：

（1）以人为本，利用交通宁静化设计营造安全舒适街道环境；同时注意与周边环境相结合，同步解决道路排水等市政问题。

（2）改造项目须将公众参与充分贯彻到项目的每一个阶段，充分征求当地居民意见，切实满足当地居民的实际愿望。

5.3　小结

虽然北美洲国家的街道设计转型相比欧洲国家起步较晚，但是美国1970年代发起的"完整街道"、1980年代"新城市主义"等多种城市运动彻底改变了城市街道的定位。本章选取的美国加州西兰开斯特大道即是贯彻了"完整街道"的设计理念，该方案最大的特色在于压缩机动车道，在道路中央插入一条"法式林荫走廊"，为定期举办的公共活动提供空间，通过街道重塑和品质提升带动了市中心的复兴。加拿大皇冠街统筹考虑交通和生态环境，把一条破败的居民区级别的道路改造成了温哥华市第一条可持续的景观街，创新了居住区街道设计的方法。两个街道案例改造的诉求不同，第一个案例将街道打造为居民交流的场所，带动的是街道两侧商业的发展；第二个案例通过街道美化和交通宁静化设计促进街道的可持续发展，注重的是生态环境保护，但是两个街道改造的过程中均采用了与周边社区及居民合作的方式，充分尊重并征求了周边社区居民的意见。这种广泛而充分的公众咨询是街道改造成功并获得当地设计大奖的重要原因之一。

第6章
大洋洲街道品质提升案例分析

6.1 澳大利亚·墨尔本斯旺斯顿街

斯旺斯顿街位于澳大利亚墨尔本市（面积约8800平方公里，人口约464万），是位于该市CBD区域的重要南北向城市干道，有墨尔本"城市之脊"

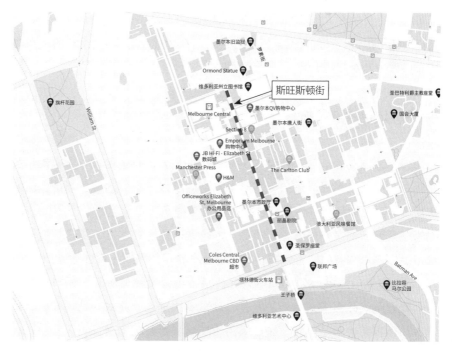

图6-1 斯旺斯顿街区位图（底图来源：谷歌地图）

之称，始建于1837年，从19世纪开始就一直是墨尔本的交通和商业轴线。斯旺斯顿街（佛林德斯路—拉筹伯路）全长1.3公里，街道宽度（建筑到建筑）大约为30米，该段道路在CBD段（佛林德斯路—拉筹伯路）两侧多布局商业零售业及公共服务设施用地，墨尔本市最繁忙的两座火车站——佛林德斯站和墨尔本中央站也都布局于斯旺斯顿街上。

6.1.1　项目改造背景

由于斯旺斯顿大街位于墨尔本CBD的核心区域，并与跨越雅拉河的王子桥相接，便利的交通区位导致其在20世纪末期机动车大发展的年代，交通拥堵严重并由此带来了空气污染问题。同时不同交通方式之间也存在冲突和安全隐患，特别是受道路空间条件的限制，自行车、机动车与有轨电车共用路权不仅通行效率低下而且也引发过一系列安全事故；高峰时段较窄的人行道也对行人的通行体验产生了不良影响，特别是在中央车站及其他重要公共设施集中的路段；有轨电车站台空间不足，在道路南段人行道上因空间限制无法设置有轨电车站台。为了创造更多具有吸引力的、大众化的和安全的公共空间，给市民提供聚集和交流的场所，从1992年开始，墨尔本市政府对斯旺斯顿街经过了多轮的改造升级，其目的均是提升街道的环境品质和公共交通的可达性，目前斯旺斯顿街已经成为墨尔本的城市名片和世界上有轨电车日客运量最高的街道。

6.1.2　项目改造实施方案

1992年开始禁止过境机动车交通进入，只允许有轨电车、非机动车及出租车和服务车辆限时进出，同时沿着街道增加一系列的公共雕塑，极大地提升了斯旺斯顿街的步行环境和有轨电车的通行效率。2009年开始启动对斯旺斯顿街的又一轮改造，拓宽了人行道，通过高水准的街道环境设计凸显出墨尔本独特的城市气质，给予自行车专用的路权（两侧各2.5米自行车道），有轨电车站台处局部抬高保证乘客可以无障碍上下。同时进一步全天候地限制除服务车辆外的所有机动车辆的进入，并对人行道和非机动车道路面铺装进行了更新，统一采用花岗岩和青石板来保证行人和骑行者的舒适性。除此之外还实行了严格的建筑控高，以保证人性化尺度的街道

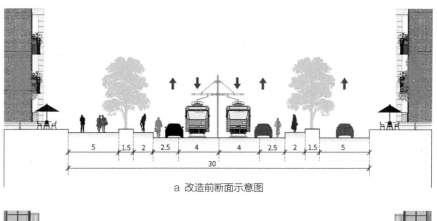

a　改造前断面示意图

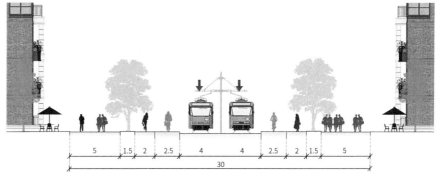

b　改造后断面示意图

图6-2　斯旺斯顿街改造前后横断面示意图

空间，聚集人流，进一步提升促进商业零售发展❶。

　　由咨询机构提出6个改造方案广泛征求沿线利益相关者及社区的意见（包括斯旺斯顿街沿街及周边区域的商户、商务管理部门、商业协会、政府官员、文化组织、沿线及周边区域的居民、学生、职员和游客、交通部门、警察局和消防局）。征求意见的方式多种多样，包括现场的问卷调查和在线的意见搜集等，在一个月的时间内共搜集到了5438份反馈意见，其中43%的意见中提到了征求意见方案之外的建议，这其中还包括了31份正式的意见书，最终的反馈意见分析中，大家在大的方案选择上大都保持一致地选择了方案六，即"禁止机动车的进入，设置自行车专用道并拓宽步行道"，但

❶ Global Designing Cities Initiative. Global Street Design Guide [M]. Washington D.C.: Island Press, 2016.

a 改造前现场照片（图片来源：谷歌地图）   b 改造后现场照片（图片来源：作者拍摄）

图6-3   斯旺斯顿街项目改造前后对比

在改造细节上并没有形成一致的认识。**❶**

6.1.3   项目改造后评价

　　改造方案实施后，斯旺斯顿街的商业环境得到了极大的改善，公共交通的效率得到了极大提升，高品质的街道细节设计让街斯旺斯顿街成了最能代表墨尔本城市特色的街道，重新设计的有轨电车车站创造了一个有序共享的空间，改变了候车乘客、骑行者和休闲逛街人群的行为。

　　改造完毕后的斯旺斯顿街提升了CBD区域的步行舒适度及非机动车交通安全性，极大地促进了CBD步行人流量。最新研究数据显示，从1993年到2013年，墨尔本CBD工作日全天（10：00~00：00）平均步行人流量由24万人次增长至36万人次，周六更是由28万人次增长至44万人次，斯旺斯顿街自身的人流量从2010年到2018年增加了24%，街道沿线的零售业建筑面积增加了5%**❷**。

---

❶ 由Peter Elliott建筑事务所官网整理而来，具体详见：https://peterelliott.com.au/studies/urban-design-studies/swanston-street-activation-feasibility-study.

❷ Global Designing Cities Initiative. Global Street Design Guide［M］. Washington. DC: Island Press, 2016.

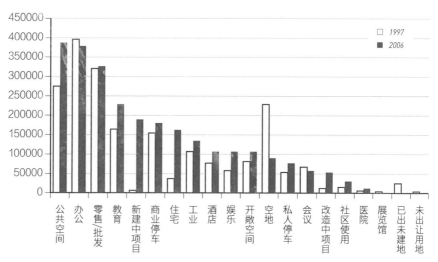

图6-4　斯旺斯顿街改造前后两侧建筑业态对比（图片来源：City of Melbourne. The Redevelopment Of Swanston Street. Council Report [R]. 2009.）

6.1.4　案例启示

项目改造过程中，墨尔本市政府牵头，协调组织政府部门（亚拉有轨电车、维州公路局、维州警察局、澳大利亚交通部、澳大利亚规划和市政基础设施部）、私人企业（澳大利亚工业集团、澳大利亚零售协会）、社会团体（维州自行车协会、维州运输工人协会）和社区居民等不同的利益团体共同参与，并特地为本项目设置了全职联络员，组织社区的零售商、社区居民、其他利益相关者等及时了解项目信息❶，确保了项目实施的顺利进行。

项目改造中，在交通空间有限时以有轨电车、行人及非机动车优先，限制了机动车通行功能，强化了绿色交通的出行地位同时，也打造了更安全、有吸引力的街道环境。同时在提升街道活力方面，通过高品质的街景、植物、照明设施的设计，提高了街道的吸引力，也塑造了城市的品牌。

---

❶ Global Designing Cities Initiative. Global Street Design Guide [M]. Washington. DC: Island Press, 2016.

6.2　澳大利亚·悉尼肯辛顿街❶

肯辛顿街（Kensington Street）位于澳大利亚悉尼市，是位于悉尼的创新中心齐本德尔的一条历史老街，全长250米，街道宽度（建筑到建筑）大约为10米，道路两侧汇集了悉尼最古老的纺织工厂、工人宿舍和仓库。2015年悉尼市政府成功对其进行了历史街区改造，并获得了2016年的建筑设计类"优良设计奖"（Good Design Award）。

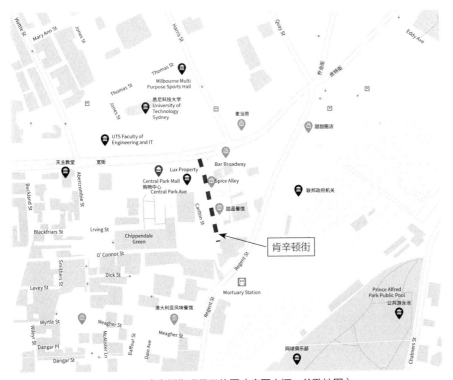

图6-5　肯辛顿街项目区位图（底图来源：谷歌地图）

6.2.1　改造背景

肯辛顿街在20世纪50年代随着悉尼纺织业的没落而逐渐凋敝，失去了往日的活力和人气。改造方案充分利用街道自身的历史元素，通过场所营造和公共空间的设计重新激发街道活力，提升街道人气。

---

❶ 本案例由肯辛顿街相关信息整理的，具体参见：https://www.kensingtonstreet.com.au/及https://worldlandscapearchitect.com/reimagining-kensington-street-in-sydney/#.XeO8kv0zaUk。

6.2.2　改造方案

　　该项目把一个曾经被抛弃的工厂仓库区的后巷改造成了一个人来人往、充满活力的热闹街道。它两旁的建筑环境展示了悉尼一些最古老的工人住房和仓库。改造方案通过一连串崭新的巷道和人行设施将肯辛顿街重新融合到悉尼的创新中心齐本德尔的城市肌理之中，行人友好性设计和适宜的历史建筑更新以及路缘石再利用成功激活了这个一度被遗忘的街道。肯辛顿街从一个贫民区到一个人气场所的华丽转身充分彰显了在社区打造和城市更新中，场所营造所能激发的巨大能量以及高品质公共空间所带来的影响。

　　街道改造方案以行人的需求为导向，按照共享街道的理念，同时保留了机动车基本的通行功能，设计师在非常有限的空间内，通过特殊的铺装强化街道的行人优先性，警示机动车司机对行人避让。路面以步砖铺砌，凸显行人的主导地位和以生活为主的街道功能，车速限制在10千米/小时，行人、自行车、机动车和谐共处；街道与建筑前区完全融合，路灯、行道树、街道家具、停车位等灵活布置，所有街道元素一应俱全，看似随意却不显杂乱。

图6-6　肯辛顿街改造后的效果

6.2.3   项目实施评价

肯辛顿街虽然位于废弃的老工业区内，但是它的核心地理位置以及沿街道众多的历史建筑为它的改造创造了极佳的条件。街道设计师需要做的就是对街道景观进行重构，并注意平衡新与旧之间的关系，同时适应当前市民的需要。街道设计师与建筑设计师共同打造出了一条极具凝聚力的街道，小心翼翼地将公共空间的设计语言融入街道沿线的历史建筑中。

图6-7   肯辛顿街街道实景图

6.2.4   案例启示

（1）街道活力的提升首先要理解不同人群对于街道的需求，并将这些需求整合到街道设计中去。将城市设计的语言和街道的背景、社区人群的需求和市政基础设施有效地融合到一起是街道更新成功的基础，对于有着深厚历史底蕴的街道，为了尽量保留历史韵味，还要注意新与旧的平衡，避免街道改造对原有历史建筑的破坏。

（2）对于空间受限的街道，采用共享街道的设计理念，移除隔离步行与机动车的空间设施，将活动空间拓展至建筑前区，步行者拥有全部路权，设计独特的无障碍路线，尽可能地移除停车位，严格限制车辆临时停靠等。

6.3   小结

墨尔本和悉尼作为澳大利亚的两大全球宜居城市，其优质的街道空间在城市品质的打造中起着举足轻重的作用。本章选取了澳大利亚两个典型的街道改造案例，介绍分析了秉持以人为本的理念，通过塑造公共交通、非机动车交通及人行交通友好的空间，而打造出的有吸引力、有活力的街道。其中有墨尔本"城市之脊"之称的斯旺斯顿街，给予有轨电车、行人及非机动车专用路权，限制除服务车辆外的所有机动车辆的驶入，成了绿色交通出行的范例，在全球街道改造中都深具影响力。作为小街巷改造的典型代表，悉尼肯辛顿街将被抛弃的工厂仓库区的后巷改造为特色鲜明、适宜步行的公共空间，与墨尔本小街巷（laneway）改造有异曲同工之处。时至今日，墨尔本和悉尼一直在街道活力的打造上不遗余力，如每年的街道慢行改善计划、2018年墨尔本启动的小街巷绿化与美化项目等，这对国内背街小巷的改造有重要的启示意义。

第 7 章
亚洲街道品质提升案例分析

7.1　中国·上海政通路

政通路位于上海市杨浦区五角场商圈，紧邻中环线，区位优势明显，两侧用地为复旦大学邯郸路校区和多个住宅小区，沿线集中了复旦大学、同济初级中学、万达广场、轨道交通站点及多个居住小区，承担两侧地块通勤、休闲、娱乐等多种交通功能，同时是连接轨道交通10号线江湾体育场站、五

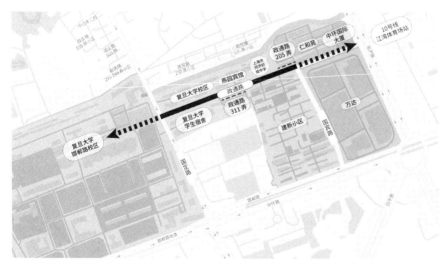

图7-1　政通路项目区位图（图片来源：行走上海2017——社区空间微更新试点项目基本概况❶）

---

❶ 上海市规土局风貌处，上海市规土局公众参与处，上海城市公共空间设计促进中心. 行走上海2017——社区空间微更新试点项目基本概况［R］. 2017.

角场商圈（城市副中心）的重要通道，在区域道路网中具有举足轻重的作用。

　　作为"行走上海社区空间微更新计划"的试点工程，2017年杨浦区启动了政通路一期（国定路—国宾路）路段的改造，道路改造完成后，获得了周边居民、学生的一致好评，也开创了上海市街道改造的成功典范。

7.1.1　项目改造背景

　　上海市在城市转型与更新中一直走在中国的前列，2014年上海市政府在第六次规划土地工作会议上明确要求"通过土地利用方式转变来倒逼城市转型发展"❶，2015年上海市政府颁布了《上海市城市更新实施办法》（沪府发［2015］20号），提出了颇具上海特色的"公众参与""微治理"的有机更新理念❷，开启了由政府为主导的自上而下向多方参与的自下而上转变的城市更新工作机制。为进一步制定城市公共空间品质提升计划，推动城市公共空间的改造和实践，同年，上海城市公共空间设计促进中心成立❸，并于2016年开始推出"行走上海——社区空间微更新计划"，而政通路是2017年微更新11个试点项目之一。

　　政通路存在的问题主要有以下三点。

　　（1）仅单侧非机动车道，机非混行严重

　　政通路沿线复合型用地功能决定了道路上将集聚大量慢行交通需求，道路改造前仅布置单侧非机动车道，宽度不足2米，骑行供需矛盾突出，高峰期间机非混行现象较为严重，安全性较差。

　　（2）人行道路面凹凸不平，学生拖拽行李箱困难

　　改造前，政通路人行道路面为普通砖砌铺装，步砖因年久失修而变得凹凸不平，学生在人行道上拖拽行李箱非常困难。每逢学生开学或放假，近万名学生拖着沉重的行李箱艰难地通过坑坑洼洼的路面，不仅极易损坏行李箱方向轮，同时显著降低学生步行的舒适度。此外，由于人行道上难以拖拽行李箱，学生纷纷走到机动车道上，进一步加剧道路混行，严重影响道路车行速度和交通秩序，产生一定的安全隐患。

❶ 罗坤，苏蓉蓉，程荣. 上海城市有机更新实施路径研究［M］//中国城市规划学会. 持续发展 理性规划——2017中国城市规划年会论文集. 北京：中国建筑工业出版社，2017.
❷ 马宏，应孔晋. 社区空间微更新——上海城市有机更新背景下社区营造路径的探索［J］. 时代建筑，2016，（4）：10-17.
❸ 参考上海城市公共空间设计促进中心官网。http://www.sdpcus.cn/wgx.html。

图7-2　政通路改造前机非混行现象（图片来源：百度地图）

（3）沿线街道景观差

　　政通路沿线老旧居民小区的墙面、楼道门、信箱破损严重，与周边景观极不协调，同时沿线的违规搭建、跨门经营和落后业态影响了街道品质。总体上，政通路作为联系校区、居民区、商圈和地铁站的重要通道，承担的慢行交通功能与非机动车道布局存在较大的供需矛盾，同时未考虑到近万名学生拖拽行李箱的独

图7-3　政通路改造前，学生拖着拉杆箱在凹凸不平的道路上行走艰难（图片来源：见注释❶）

特需求，道路使用者步行和骑行体验较差。因此，政通路迫切需要拓宽道路，平整路面，实现人车分离和机非快慢分流，并提升沿线景观，以提高道路交通安全性、舒适性和美观性。

---

❶ 黄尖尖. 政通路改造完工，梧桐大道上开辟出上海首条拉杆箱专用道［EB/OL］.（2017-12-15）［2019-04-23］. https://www.shobserver.com/news/detail?id=74079.

7.1.2　项目改造实施方案

项目改造实施单位为杨浦区建设和管理委员会，方案设计由同济大学两名学生完成，设计单位为上海城市交通设计院有限公司，改造时间从2017年6月到2017年9月，历时3个月。

政通路的改造方案成了当年的热点话题，根据微更新改造工作安排，上海市空间设计促进中心面向全社会进行了方案征集，将征集到的8个方案经过杨浦区规土局、区建管委、五角场街道、居民和专家的投票，最后两名同济大学学生的"道路微表情"的设计方案胜出❶。该设计方案关注使用人群需求的同时，也协调了周边环境，年轻文艺的元素凸显出周边高校的氛围，清新、朴素、实用的设计方案得到了专家和居民的一致认可❷。

（1）改造道路横断面，实现机非分离

改造后的政通路，采用机非分隔的断面形式：在道路南侧人行道上，通过减少绿化带空间，增加一条非机动车道；为保证道路北侧与机动车方向相错的非机动车道通行安全，在北侧设置一条绿化分隔带，实现机非分隔，保证了机动车快速通行和非机动车的安全性。

（2）满足个性化需求，首创拉杆箱专用道

鉴于大学生拖行李箱的需求较大，改造前凹凸不平的人行道步砖铺装严重降低了行人步行和拖行李箱的体验，本次改造采纳了学生建议，在人行道上首创拉杆箱专用道，拉杆箱专用道采用特质的灰色沥青铺设而成，与旁边普通沥青铺设的非机动车道区别开，并在路面上画有一个显眼的白色拉杆箱标记，道路南侧的拉杆箱专用道宽2米，与人行道重合，道路北侧专用道宽1米，与人行道并列。由此，政通路成为上海市首条设置拉杆箱专用道的道路。

（3）整治沿线景观，提升公共空间品质

沿线围墙换新装：沿线的围墙也换上"学院风"新装，道路南侧新建一排点缀复旦校徽的砖红色围墙，与道路对面的复旦大学校园围墙相协调，围墙颜色经建设部门与复旦色彩委员会进行反复比对后确定。

---

❶ 黄尖尖. "行走上海社区空间微更新计划"新设11个试点项目 政通路9月前"变身"[EB/OL].（2017-04-10）[2019-04-23]. http://www.shanghai.gov.cn/nw2/nw2314/nw2315/nw4411/u21aw1221085.html.

❷ 黄尖尖. "行走上海"空间微更新计划实施两年项目从社区内部走向街区[EB/OL].（2017-05-09）[2019-04-23]. https://www.weibo.com/ttarticle/p/show?id=2309351002874111377227721679.

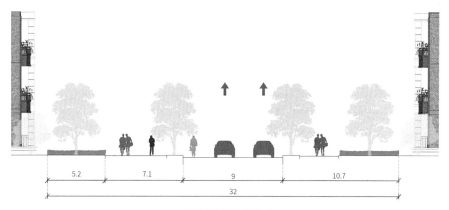

a 改造前横断面示意图

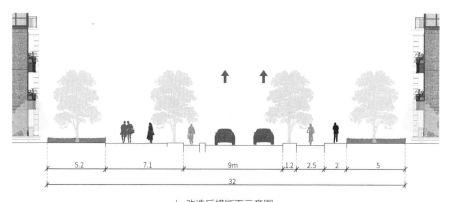

b 改造后横断面示意图

图7-4 政通路改造前后横断面示意图

图7-5 政通路改造后的现场照片   图7-6 政通路改造后的拉杆箱专用道

统一花坛风格：建设部门在改造道路的同时对花坛进行了风格的统一，并在隔离带种上红叶石楠，在两侧种植兰花、三七和茶梅，到春夏会开出鲜艳的花朵，为道路增加色彩，提高慢行乐趣。

增设休憩座椅，设计"**趣行标语**"：利用道路上开放式花坛的一部分边缘，增设行人休憩座椅，并每隔四五米设计一条"趣行标语"——"保持耐心去做一件事，你一定能赢下这一局""人生就像高压锅，压力大的时候自己就熟了""寻找更多机会，还有更多选择"等这些符合年轻人趣味的小贴士，内容涵盖情感、生活趣味、哲学思考、人生建议等。小清新的语言，符合年轻人的口味，增加了行人驻足停留的理由。

　　改造沿街小区入户门廊：道路改造前，政通路沿线老旧小区门前的绿化带、楼道门、信箱等设施陈旧破损，与政通路的文艺风格格不入。本次改造，采用入户门廊设置复合功能木制廊架的方案，在沿线各小区门口建成了一个个植入座椅和非机动车停车等功能的廊架，以凸显社区化气息。

　　此外，将人行道边的变电箱更换为蓝绿色，搭配不同形状和颜色的树叶，与街道整体氛围相协调，起到点缀道路的作用。

　　道路改造方案实施后，政通路的慢行交通环境得到了极大的改善，双侧非机动车道和机非分隔绿化带的实施使得道路安全度大幅提升，高品质的街道细节和景观设计让政通路成为杨浦区特色道路，独具创意的拉杆箱专用道

图7-7　政通路入口的标志景观

图7-8　两侧砖红色围墙

图7-9　花坛边缘座椅与"趣行标语"

图7-10　改造后小区门前廊架

图7-11　变电箱景观整治

充分贯彻了《上海市街道设计导则》"人性化街道"的理念。

7.1.3　项目完成后评价

上海市人民政府官网这样评价：打造属于杨浦自己特色的道路，并能更深层次与当地居民的情感联系起来，激发人们对道路、街区、城市的兴趣，这样才能让人品味出蕴藏其中的城市记忆。

7.1.4　案例启示

（1）自下而上的微更新工作机制

上海微更新计划工作由上海市规划和自然资源局下设的上海城市公共空间设计促进中心负责推动，主要负责项目的前期方案设计，具体项目的设计、实施由试点项目所在的街道负责❶。这在规划管理上是一种新的创新，突破了传统的政府主导型的被动式、审批式的规划管理，贯彻了政府主动式、服务型的规划管理理念，为政府、居民、专业设计师创建了一个交流、共享的合作平台，推动了新形势下"共建、共治、共享"的社会治理发展。

（2）改造方案结合了不同利益者的诉求

方案设计很好地践行了《上海街道设计导则》中"人性化"街道设计理念，综合考虑了不同利益者的诉求：平整的人行道及特别设置的拉杆箱铺装，满足了学生拖拽拉杆箱的个性化需求；充分利用人行道外侧的绿化

---

❶ 马宏，应孔晋. 社区空间微更新——上海城市有机更新背景下社区营造路径的探索 [J]. 时代建筑，2016，（4）: 10-17.

带、树池，合理设置休息座椅，为沿线居民、接送孩子的家长提供了休憩、健身、交往的宜人场所；增加机非分隔设施，道路两侧均设置非机动车道，满足了沿线居民和学生骑行需求和体验度。同时，通过精细化的街道设计，提升了街道品质，使其成为一条体现文化气质、具有文艺范儿和浪漫气息的街道。

（3）广泛的公众参与

在出台政通路改善相关规划设计方案之前，杨浦区建管委邀请复旦大学师生、五角场街道、沿线居委会代表和城市规划专家，与设计单位上海城市交通设计院的相关负责人聚集在一起开展"头脑风暴"，并在活动期间加强社区宣讲和推广，组织社区公共活动、居民沙龙、设计师沙龙、公共空间设计论坛等，吸引各行各业、更多的社会团体积极参与社区空间微更新计划。

7.2　中国·武汉中山大道

作为传承百年历史的文化与商业街道，中山大道见证了老汉口"汉商—华商—洋商—现代商业"演变的历史，沉淀了不同发展阶段的城市面貌，分布有大量历史文化遗产，同时道路沿线商业高度聚集，是一条繁华的现代商

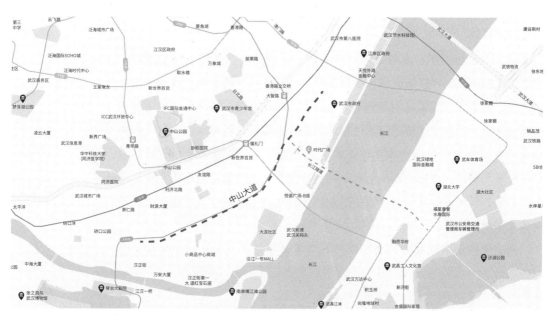

图7-12　中山大道区位图（底图来源：百度地图）

业大道。2014年，武汉市委、市政府以地铁6号线建设为契机，决定对中山大道武胜路——元路段实施改造和景观提升工程，并于2016年12月28日正式开街。《中山大道街区复兴规划》获得第52届国际城市与区域规划师学会（ISOCARP）"规划卓越奖"，该奖项是世界城市规划领域的最高奖项，为武汉市历史文化街道的成功改造树立了典范。

7.2.1　项目改造背景

中山大道位于武汉市汉口核心区，是平行于长江的一条城市主干路，始建于1907年，原址为汉口城墙，拆除后原城墙基址改建为马路，取名为后城马路❶，为纪念孙中山先生，北伐战争后改名为中山马路❷，在1930年发布的《汉口旧市区街道改良计划》中，中山马路被确定为主要交通干道，宽度为30~40米❶，抗日战争胜利后，正式命名为中山大道。中山大道作为汉口华界的第一条现代化道路，其改造规划起于1947年颁布的《新汉口市建设计划》，该规划提出了在中山大道下方建下水管道的计划，并在《改良沿江下水道出口计划》中进行了落实❶。从20世纪90年代开始，武汉市开始关注生活环境质量的提高，并以创建山水园林城市为目标，1999年中山大道作为武汉市70余条街景整治规划重点道路之一❶，启动了现代第一轮重要的街道环境改造工程，这次改造对打造中山大道整洁、舒适优美的街道环境奠定了较好的基础。

进入21世纪以来，随着城市经济的快速发展及小汽车保有量的增加，中山大道空间格局特征被破坏，在业态升级和功能置换的更新中遭遇了发展的瓶颈，与武汉不断崛起的其他商业中心相比越发没落。首先中山大道作为交通性干道，承担了大量的过境性交通，交通拥堵、占道停车、人行空间的缺失带来了交通出行环境的恶化；同时由于沿线的文化遗产缺少有效的维护、修复和管理，建筑立面杂乱、乱搭乱建问题突出，街区的历史文化底蕴彰显不足；再加上沿线的商业缺乏品牌引领，部分低端餐饮及临街摊位严重影响了街道品质。

随着武汉城市圈确定为全国两型社会实验区及国家中心城市的建设要

---

❶ 吴之凌等. 武汉百年规划图记 [M]. 北京: 中国建筑工业出版社，2009.
❷ 长江日报. 武汉市地产集团40年特辑：华丽转身大城工匠在突破中助力城市更新 [EB/OL].（2018-12-29）[2019-04-27]. http://cjrb.cjn.cn/html/2018-12/29/content_112761.htm.

求，武汉在城市精细化管理、历史文化保护、生态环境保护方面进行了一系列的实践与探索。中山大道作为展示武汉国家商贸物流中心商业实力的重要突破口和形象窗口，需要打破以往的单一的建筑立面整治和道路路面刷新的简单改造方法，采用街道综合提升的方法进行品质提升。2013年9月~2016年12月，武汉市政府以地铁6号线中山大道路段封闭施工为契机，启动了"中山大道（武胜路—江汉路）景观提升改造工程"，重点整治沿街建筑立面、街道设施、绿化环境❶，并在2016年12月28日地铁站点竣工时开街，百年中山大道以其高品质的街道环境、浓郁的文化氛围实现了新时代的"涅槃重生"和华丽转身。

7.2.2 项目改造实施方案

项目改造实施由武汉市政府牵头，相关部门、区政府、地铁集团等多方参与；规划设计单位为武汉市土地利用和城市空间规划研究中心、武汉市规划研究院、伍德佳帕塔设计咨询（上海）有限公司；改造时间由2014年2月至2016年12月，历时34个月。

中山大道改造方案秉承"生活因街道更美好"的设计理念，规划以凝固历史特色、彰显文化底蕴、提振商业传统和激发城市活力为策略❶，将交通性干道改造为可供城市交往、休憩、观赏、娱乐的城市活力空间。

（1）注重历史文化传承与保护，对沿线的业态与功能提档升级

为了彰显中山大道的历史文化底蕴，规划在充分尊重历史的基础上，结合现状街道空间及建筑特色，分三段重点打造特色街区，东段为"古典文艺风貌"，中段为"新旧交融风貌"，西段为"现代简约风貌"❶。规划在保证历史建筑主体结构安全性的前提下，拆除影响历史建筑风貌的各类违章搭建，并对与历史建筑风貌不符的门窗、屋面、墙体、外立面门窗进行修缮，确保还原历史建筑的风貌，同时采用可调色光源营造街区整体氛围，呈现街区的历史格调❶。对沿街的无证摊位、沿街低端餐饮（烧烤）、污染加工作坊等进行提档升级，同时优化零售门面，引入亮点业态，维护优良的街道环境。

---

❶ 武汉市国土资源和规划局，武汉市土地利用和城市空间规划研究中心，武汉市规划研究院，伍德佳帕塔设计咨询（上海）有限公司. 中山大道综合改造规划 [R]. 2014.

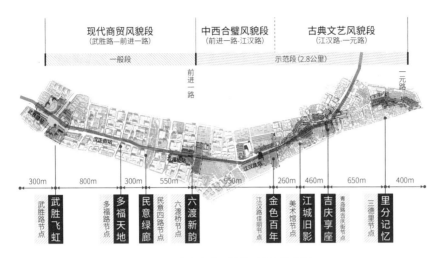

图7-13　中山大道沿线的历史风貌分区

（2）重新划分路权，倡导公交与慢行，打造舒适的慢行空间

以"复兴城市公共空间"为核心目标，打破以车为本的道路格局，中山大道改造工程首先从空间上对街道功能进行重新定位，通过压缩机动车道、提高步行空间比例、增设自行车道等措施，将现状街道中断断续续的人行道联系起来，还市民一个步行连续、舒适宜人的街道步行活动空间。针对不同的定位设置不同的断面形式，在人流相对较大的区域，借助建筑后退空间提高慢行空间占道路红线比例；在人流特别集中的区域禁止私人小汽车通行，保证慢行系统的安全性及公交系统的连续性和畅通性；在人流及车流均较大的区域采用硬隔离分隔慢性空间及车行空间，保证人流的安全性并减少人流及车流的组织矛盾点。

（3）精细化设计街道空间，增加多样性、趣味性

以整体风貌为指引，精细化设计街道空间，城市家具小品选用古典与现代两种不同的风格样式，与建筑、路面及植物等各个元素相互搭配❶，提升街道的文化品位。通过街道断面的精细化设计，运用绿化景观划分车行、人行、慢行空间，添置街道家具，增加雕塑小品；通过"植树、添花、重品味"等措施，增加地面、交通设施及建筑等的立体花卉种植，考虑季相、色相，实现绿量充沛、风景宜人的绿化景观效果。

❶ 武汉市国土资源和规划局，武汉市土地利用和城市空间规划研究中心，武汉市规划研究院，伍德佳帕塔设计咨询（上海）有限公司. 中山大道综合改造规划［R］. 2014.

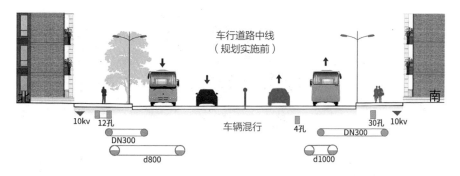

a 改造前断面示意图

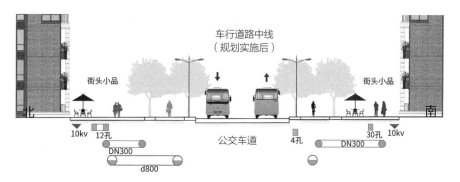

b 改造后断面示意图

图7-14　中山大道街道改造前后断面对比

7.2.3　项目完成后评价

2016年10月，第52届国际城市与区域规划师学会（ISOCAPP）大会上，中山大道综合改造工程获得世界城市规划领域最高奖项——规划卓越奖，这是亚洲唯一一个获奖的项目。专家评审给予了高度的评价："在全球化的时代背景和中国城市更新与转型的进程中，该规划对中国城市的旧城改造，制定了一个符合中国国情的系统化解决方案，其在规划思想和方法论上的创新，对中国其他处于快速发展变化中的城市，具有广泛的示范效应。"❶

❶ 陈卓. 武汉今年五次向世界分享先进经验：从生态文明到街区复兴［EB/OL］.（2016-11-28）［2019-04-27］. http://news.cnhan.com/html/yaowen/20161128/759059.htm

a 改造前街道照片（图片来源：百度地图）

b 改造后街道照片（图片来源：作者拍摄）

图7-15 中山大道街道改造前后对比

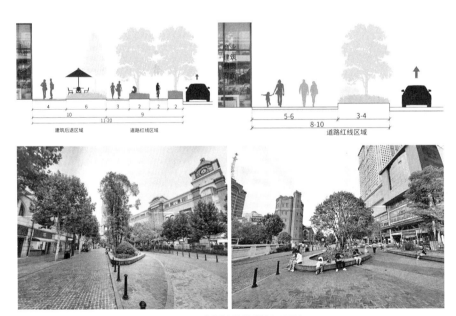

图7-16 多样性的街道断面设计

　　根据《长江日报》统计，中山大道开街后成为武汉最热门的景点，日均客流量接近10万人次[1]，开街一年后，区域的平均运行车速由改造前的20km/h

[1] 杨升."吃穿住行"他们最清楚中山大道环卫工一天当导游80多次 [EB/OL].（2017-03-23）[2019-04-27]. http://hb.people.com.cn/n2/2017/0323/c192237-29904296.html.

提高到30km/h, 公交出行比例增长了约50%❶，很多老店的商业客流已与十年前顶峰时期相同❷。《湖北日报》报道"中山大道改造升级后美不胜收"❸及"大武汉商业第一街焕发新活力，老字号集体回归"❹，《楚天都市报》报道"中山大道改造，讲颜值重气质"等❺。

7.2.4　案例启示

（1）重视协同工作机制，打破了行政部门之间的壁垒

中山大道改造工程涉及部门众多，为了有效推进项目的实施、节约工期，整个改造工程采用了"规划编制、工程设计、改造实施"三个工作阶段一体化运行的模式❻。市政府牵头成立了工程指挥部，由相关行政单位、区政府、承建单位、设计单位、专家团队组成，并建立了每周会商制度，有效地推动了部门之间的沟通、协调，使问题能得到及时解决❼，这种协同机制打破了部门之间的行政壁垒，提高了实施的效率和质量，起到了较好的示范效应。

（2）广泛的公众参与机制

项目启动之初积极引入公众参与的工作机制，借助网络和"众规武汉"微信公众平台开辟了专栏，广泛征求社会各界建议，向公众宣传中山大道综合整治工作❼，并通过规划进社区展示等多种途径，充分保证沿线社区居民的知情权与参与权，取得了良好的社会效益❶。此外，规划项目建立了"首席专家制度"，遴选了湖北省历史建筑保护领域的11名专家❼，对38栋优秀历史建筑的修缮进行全程跟进，保证了历史建筑修缮质量。

（3）多方式降低机动车出行比例及行驶速度，创造安全、舒适的慢行环境

机动车分担比率与交通的通畅性有关，通过单行交通组织设置、禁止机

---

❶ 田燕. 文化复兴目标下的武汉中山大道改造规划实施 [J]. 城市规划, 2018（9）: 139-142.

❷ 孙珺，周迪. 中山大道开街一周 新民众乐园最老店重现人潮 [EB/OL].（2017-01-05）[2019-04-27]. https://hb.qq.com/a/20170105/017853.htm.

❸ 孙珺，刘兆阳，钟馨如. 中山大道改造升级后美不胜收 最全逛吃攻略出炉 [EB/OL].（2016-12-28）[2019-04-27]. http://news.cnhubei.com/xw/wuhan/201612/t3764814.shtml.

❹ 高梦格. 大武汉商业第一街焕发新活力 老字号集体回归 [EB/OL].（2016-12-29）[2019-04-27]. http://news.cnhubei.com/xw/wuhan/201612/t3765443.shtml.

❺ 林永俊. 中山大道改造 讲颜值重气质 [EB/OL].（2015-12-17）[2019-04-27]. http://ctdsb.cnhubei.com/HTML/ctdsbfk/20151217/ctdsbfk2803972.html.

❻ 武汉市国土资源和规划局，武汉市土地利用和城市空间规划研究中心，武汉市规划研究院，伍德佳帕塔设计咨询（上海）有限公司. 中山大道综合改造规划 [R]. 2014.

❼ 方可，田燕，余翔，武洁. 武汉市中山大道综合整治规划探索 [J]. 城市规划, 2018（9）: 139-142.

动车行驶设置等降低小汽车出行舒适性，同时引进"共享街道"理念，通过减小道路转弯半径、采用摩擦力较大的路面铺装等措施降低车行速度，为慢行交通创造安全的街道环境。

7.3　小结

本章选择了上海和武汉的街道改造案例，其改造方案都以提升街道沿线景观环境为目标，采用了重新划分路权、重点整治沿街建筑立面、完善街道设施、绿化环境等措施，而在实施机制上略有不同。其中作为"行走上海社区空间微更新计划"的试点工程，政通路改造中采用的自下而上的微更新工作机制和"头脑风暴"式的公众参与开创了国内规划管理与实施的先河，而中山大道的改造中所采用的是自上而下式政府主导型的协同工作机制，打破了行政部门之间的壁垒，提高了实施的效率和质量。

对比前述章节国外街道改造的案例来看，国内外街道改造的差异比较明显。西方街道的改造体现出因项目而异的目标多元化，而国内街道改造中更注重物质空间的提升。在街道的改造过程中，国外的政府部门所扮演的角色更多的是协调，公众、社会团体及不同部门机构参与度较高，而国内的政府部门更多的是在扮演主导角色。显然，不同的社会经济环境和治理架构造就了城市管理者、规划师、公众对街道、街道品质以及街道品质提升的不同认知和不同的街道改造路径。

第三部分

实践篇

第 8 章

国外街道品质提升相关标准、规范分析

传统的技术主义街道设计范式❶在过去的20世纪一直占据着主导地位，这种标准化和技术化的街道设计方法基于对等级化和功能化布置的追求，将街道资源更多地给予了机动车交通以保证机动车的安全和效率，行人和非机动车因其不可预测性而被逐渐边缘化，导致城市街道空间退化为纯粹的交通空间，并且直接破坏了城市生活的多样性和丰富性。简·雅各布斯认为正是技术主义街道设计范式及其管理模式，导致了街道荒漠化，降低了社区认同感，弱化了场所特征，最终引发了城市衰退❷。

为了恢复城市生活的魅力，重建多功能的街道空间，全球的城市规划师和政府管理者们对街道的认识逐渐从机动性转向宜居性，并通过一些试验性的实践重新定义了街道设计的内涵与方法，推出了一系列地方性街道设计标准❸。本章选取了国外典型的街道设计标准进行分析，以期为我国街道设计实践提供借鉴。

---

❶ 谭源. 试论城市街道设计的范式转型 [J]. 规划师，2007（05）：71-74. 所谓的"技术主义街道设计范式"指的是由交通工程学和交通管理工程学构建的现代主义的街道设计理念及其各种实践形式，该范式的专业知识是基于街道的通行能力、车辆的尺寸、行人的物理特征来决定街道空间应该如何被处理和设计的。

❷ Jane Jacobs. The Death and Life of Great American Cities [M]. New York: Modern Library, 1993.

❸ 泛指各地发布的街道设计指南、导则和手册。

8.1　欧洲地区街道设计手册分析

现代街道设计中"人性"的回归最早发生于欧洲，这与欧洲地区的历史传统、资源禀赋、决策体制、气候条件、城市形态和经济因素息息相关❶。英国、德国、法国、荷兰和丹麦等欧洲国家由于地少人多，石油资源匮乏，支持环境保护、低碳出行和紧凑型城市发展的力量在20世纪末很快成了社会主流，这使得私人小汽车的使用受到限制，而高密度的土地利用得到鼓励，正是这种限制和鼓励，为街道设计转型提供了发展空间。因此，欧洲许多国家和城市可以说是现代街道设计转型实践的先行者。

欧洲国家街道设计标准发布情况　　　　　　　表8-1

国家	标准	年份
英国	《街道设计手册》	2007
		2010
	《伦敦街道环境设计指南》	2004
		2009
		2017
荷兰	《自行车交通设计导则》	2006
		2017
爱尔兰	《爱尔兰街道设计手册》	2013
俄罗斯	《莫斯科街道与公共空间设计标准》	2016

8.1.1　编制背景

现代街道设计转型是以步行和自行车交通方式的回归为起点的。素有"自行车王国"美誉的荷兰以其宏大、完善和安全的自行车基础设施而闻名于世，其街道设计在慢行交通领域做到了极致。

❶ Pucher J，Komanoff C，Shimek P. Bicycling Renaissance in North America [J]. Transportation Research A，2009，33：625-654.

纵观荷兰街道空间设计的发展历史，经历了对自行车交通从"忽视"到"重视"，再到"引导"的过程。第二次世界大战以后，城市快速扩张，经济快速发展，小汽车的拥有和使用呈爆炸式增长，这个时期荷兰的交通政策更倾向于以小汽车出行为核心的基础设施（高速公路和停车设施）建设，而极大地忽略了步行和自行车交通。1970年以后，一方面小汽车数量的快速增长导致了交通事故死亡率急剧增加，据统计1971年全国约有3000人（其中有450名是孩子）死于机动车事故❶；另一方面，中东石油危机（中东的产油国停止向美国和西欧出口石油）也动摇了荷兰人对小汽车依赖的信心。迫于安全事故与石油危机的双重压力，荷兰政府不得不将基础设施建设的重心转移到自行车交通，于是这一时期的国家政策开始向步行和自行车交通倾斜。政府通过提倡修建自行车专用道保证骑行者的安全（尤其是在交叉口的安全），据统计1976~1996年间荷兰的自行车道由9282公里增长至18948公里。进入21世纪以后，除了继续加大对近期基础设施建设的支持与投入以提高自行车使用率和安全性，荷兰政府还非常重视对自行车交通方式的长期引导以促进城市交通模式的多元化发展，包括1999年颁布的《全国自行车交通发展规划》❷以及2006年颁布的《自行车交通设计导则》❸，从规划、设计、建设、管理、协调和资金等方面为自行车交通的可持续发展提供全方位支持。

现代街道设计转型还非常重视街道作为城市公共空间的环境塑造，这一点在英国街道设计实践中则表现得尤为突出。早在20世纪20年代，英国就提出了"36英尺（约11米）街巷"的政策，旨在通过建设宽阔的街道来保证城市建成区内的光照和通风。二战以后，随着工业化和城市化进程的加快，小汽车拥有和使用量的增加，交通事故和环境污染问题日益严重，为解决工业革命留下的问题和提高城市的环境品质，英国又提出"道路分级"和"功能街区"的概念，试图通过使用更严格的交通控制措施，保护特定区域免受机动车的干扰。1963年布恰南教授受交通运输部委任研究城市的交通问题，最终形成的《城市交通》的报告在英国引起了巨大的反响和争议，布恰南教授认为机动车是一种有效的交通

❶ 吴天帅. 谁是街道设计背后的大Boss？[J]. 城市规划通讯，2018（10）：17.
❷ Dutch Ministry of Transport. The Dutch Bicycle Master Plan [M]. The Hague: Ministry of Transport, Public Works, and Water Management, 1999.
❸ CROW. Record 25: Design Manual for Bicycle Traffic [S/OL]. The Netherlands: CROW, 2006. https://www.crow.nl/publicaties/design-manual-for-bicycle-traffic.

手段，如果不采取限制措施或城市不进行重建，原有的城市环境就会受到影响，然而这种观点却被误解为赞成大规模的道路建设，保证城市区域小汽车的最大使用❶。

伦敦尤其重视城市空间的"去机动化"和"可步行性"，2003年开始征收"交通拥堵费"，通过增加小汽车出行的成本转变出行模式，政策实施一年机动车交通量减少了15%，交通拥堵减轻了30%❷；2004年，作为伦敦市城市设计顾问的扬·盖尔呼吁城市规划设计人员转变对城市交通的认识，提出将伦敦塑造成一座适宜步行的世界级城市；2005年，伦敦政府推出了"步行环境改善计划"❸，提出要在2015年前将伦敦建成世界最适宜步行的城市；2007年，英国建筑及环境委员会发布了全球第一本《街道设计手册》❹，并于2010年发布了第二版❺；2009伦敦交通局发布《易于识别的伦敦》❻和《街道环境设计指南——走向更好的伦敦街道》❼。该指南作为"更好的街道"计划的一部分，对城市街道的色彩、材料、设施、功能类型等做出精细的规范，引导伦敦街道空间的高水平建设。此后，伦敦交通局作为《街道环境设计指南》的编制主导部门，与行业专家以及建筑和城市规划部门密切合作，构建了一个包括所有与街道设计和街道使用相关的人员在内的多学科设计团队，不断对指南进行完善，以确保指南能够兼顾各方面的利益，被更广大的人群所接受。

本章以2017年最新版的伦敦《街道环境设计指南》（本节内简称《指南》）❽为例，对其框架与使用范围、目标与对策、街道要素和实施机制作具体分析，以期为我国新时期的城市规划与建设提供参考。

---

❶ 卢柯，潘海啸. 城市步行交通的发展——英国、德国和美国城市步行环境的改善措施［J］. 国外城市规划, 2001（06）: 39-43.

❷ Cullingworth B, Vincent N. 英国城乡规划［M］. 陈闽齐，周剑云，戚冬瑾，周国艳，顾大治，徐震，等，译. 张京祥，译校. 南京: 东南大学出版社, 2008.

❸ Transport for London. Improving Walkability: Good Practice Guidance on Improving Pedestrian Conditions as Part of Development Opportunities［R/OL］. 2005.

❹ Chartered Institution of Highways and Transportation. Manual for Streets［R］. UK: Chartered Institution of Highways and Transportation, 2007.

❺ UK Highways and Transportation. Manual for Streets 2: Wider Application of the Principles［R］. UK: Chartered Institution of Highways and Transportation, 2010.

❻ Transport for London. Legible London［R］. UK: Transport for London, 2009.

❼ Transport for London. Streetscape Guidance 2009: A Guide to Better London Streets［M］. London: Transport for London, 2009.

❽ Transport for London. Streetscape Guidance Third Edition 2017 Revision 1［M］. London: Transport for London, 2017.

8.1.2 体系架构

《指南》由七个部分组成，旨在为伦敦的街道设计、建设、运营和维护提供全面的指导意见，以辅助伦敦大都市区580公里道路❶的升级改造与管理。《指南》使用对象包含交通部门等管理人员、设计人员、研究人员及房地产开发商企业等，不仅适用于小规模街道改造，也适用于大规模的新区街道建设。

指南综合框架　　　　　　　　　　　　　　　　表8-2

章节	内容
引言	介绍指南编制的背景和使用方法
政策与愿景	明确伦敦交通政策和街道类型划分，提出街道设计原则和目标
从战略到实践	结合伦敦成功的街道改造案例提出五级干预措施
挑战与策略	应对新挑战的新措施，引入创新机制
功能平衡	结合街道特性平衡功能需求
设计指引	包括铺装与材料、街道活动、人行道设施、街道安全、街道环境、交互节点设计指引
附录	参考文献

注：作者根据伦敦《街道环境设计指南》（2017年版）整理。

8.1.3 目标与策略

过去以小汽车为导向的城市规划和交通战略曾极大地促进了伦敦市经济发展，但也造成居民对小汽车的严重依赖，这种过度依赖加重了大气环境的污染，提高了交通事故的风险，威胁着伦敦居民的健康，破坏了街道与空间的活力。《伦敦市长交通战略报告》❷中明确指出，2016年伦敦约有14%的氮化物和56%的PM2.5来自于道路交通排放；40%的交通事故与小汽车有关，小汽车的事故造成的死亡数量高于步行、骑行和公共交通；29%伦敦人口被界定为小汽车依赖造就的不活跃人群，其中有17%的人因缺少运动而死亡。为了降低城

---

❶ 伦敦主要道路网（TRLN），总长580公里，占伦敦所有道路总长度的5%，由伦敦交通局管辖。
❷ GLA. The Mayor's Transport Strategy 2018 [R]. Greater London Authority 2018.

市居民对私家车的依赖，引导交通出行模式向更加健康、更有效率的绿色出行方式转变，最新版《指南》提出"打造健康街道"❶的战略目标与愿景。为实现这一目标和愿景，《指南》归纳了街道设计的六条设计原则以指导街道设计中要素的选取与布置，并选取十项评价指标来辅助衡量街道环境的吸引力，以确保达到改善街道环境，塑造健康城市，让伦敦人民生活更美好的目的。

指南提出的街道设计原则　　　表8-3

原则	具体要求
可达性	促进慢行交通方式在中短距离出行中的使用
	满足各类街道使用者的特殊需求
	控制机动车的行驶速度，使之与街道环境相匹配
生活性	从全局上出发，促进街道与周边自然、社会、经济环境相协调
	确保出行连续性及各种交通方式在街道上转换的便捷性
	促进人们在街道上进行临时/固定的社交活动
	合理选取和配置街道设施，营造舒适的街道体验
开放性	减少街道周边社区的封闭与隔离，激发地区经济活力
功能性	尽量选取适用性强、经济环保、易于识别、实施和维护的街道设施和材料
安全性	适当降低车速，保持良好的可视性，降低交通事故风险
	加强街道管理，避免犯罪事件的发生，为行人和非机动车出行提供安全可靠的街道环境
可持续性	坚持绿化和雨洪管理手段并行
	加大对低碳交通设施建设的投入
	选取绿色环保的建设材料，以减少街道的碳排放量

注：作者根据伦敦《街道环境设计指南》（2017年版）整理。

此外，《指南》还提出从五个层级对街道进行干预。前文提到的展览路案例就是基于这五个层级的大胆改造，并且非常成功，为生活、工作和参观该地区的人创造了一个更舒适的环境。

❶ 值得注意的是，该愿景与2009年发布的《街道环境设计指南》中提出的街道设计愿景不同，2009年提出的是"打造与世界城市相称的最好街道"。

图8-1 街道设计十项指标（图片来源：伦敦《街道环境设计指南》（2017年版））

<table>
<tr><td colspan="2" align="center">指南提出的街道五级改造措施</td><td align="right">表8-4</td></tr>
</table>

措施	内容
清理	清理破损的街道家具
简化	移除多余的街道设施
整合	合并冗余的街道设施
优化	调整街道设计要素
重建	赋予街道新的功能定位

注：作者根据伦敦《街道环境设计指南》（2017年版）整理。

当然，随着伦敦的发展，人们对街道这一公共空间的需求和期望也会增长，并继续多样化。因此，伦敦的街道需要持续进步和完善，这依赖于不断的学习、研究、试验和创新，通过采取更广泛的措施，以满足人们对伦敦街道更高层次的需求。

8.1.4　街道要素

　　《指南》将街道设计要素划分成五种类型：路面铺装、路边停靠、人行道、街道活动和衔接区域。其中最为核心的内容是对街道景观感知要素的塑造，尤其是路面材质的选择和布局。由于路面铺装构成了街道环境的背景，塑造高品质的街道环境的关键就是要塑造高质量的路面，好的街道路面需要设计简单、材质耐用、易于维护，与周边环境相协调，经过精心设计的路面能够把不同的街道元素结合在一起，使人们在街道上感到舒适和愉快。

街道设计的五类要素　　　　　　　　　　表8-5

要素	内容
路面铺装	探讨街道中人行道、车行道、交叉口的路面色彩、材质、布局和衔接标准
路边停靠	展示小汽车、公交车、出租车停靠空间的设计
人行道设施	探讨人行道相关要素的设计要求
街道环境	提出口袋公园等街道微型公共空间的应用
交互节点	明确处理交通方式转换处的设计方法

注：表格根据伦敦《街道环境设计指南》（2017年版）整理。

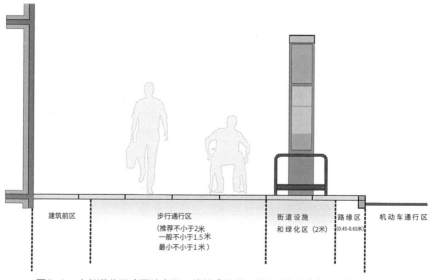

建筑前区　　　　　　步行通行区　　　　　　　街道设施　　路缘区　机动车通行区
　　　　　　　（推荐不小于2米　　　　　　和绿化区（2米）（0.45-0.65米）
　　　　　　　一般不小于1.5米
　　　　　　　最小不小于1米）

图8-2　人行道分区（图片来源：伦敦《街道环境设计指南》（2017年版））

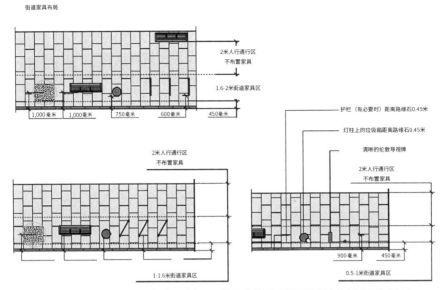

图8-3　街道家具的布置要求（图片来源：伦敦《街道环境设计指南》（2017年版））

　　《指南》在"人行道设施"这一章节，将人行道分为四个区域：路缘区、街道设施和绿化区、步行通行区和建筑前区，其中街道设施和绿化区的U型设施用来供自行车临时停放，这种设计在伦敦和整个英国已经十分普遍，每个区域的宽度应根据不同街道环境进行调整，并且应该在优先保障步行通行区宽度的基础上确定街道设施和绿化区的宽度，进而决定了可以选用的街道设施类型。

　　《指南》中针对各设计要素提供了大量的街道细部设计图样，详细地标注了各个元素的尺寸的推荐值和最小值，以及材料如何铺装。这样详细的图例可以有效地统一伦敦各条街道的风貌，更能体现伦敦整体的城市形象；同时详细的尺寸标注可以直观地展示街道设计中需要控制的参数，避免设计者主观的判断造成不必要的麻烦。

8.1.5　实施机制

　　为了增强标准的针对性和使用便捷性，确保街道设计项目的长期实施，《指南》提供了一套系统而完整的实施机制作为支撑。

　　首先，组建一个分工权属明确的多样化团队。具体包括以下成员：规划设计人员（涵盖城市、交通、市政、景观、建筑、环境等各专业），伦敦交通局优胜交通模式组织（掌握预算，因此有更大的权利指导项目，确保街道安全性、公交优先性以及步行和自行车可达性等一系列指标的实现），施工设计协调管理人员，园林绿化管理人员以及其他利益相关者。

其次，构建一组规范的全周期管理流程。具体包括以下阶段：项目启动、项目设计、项目实施、维护与监督。在项目启动阶段，应由伦敦交通局组织召开项目启动会议，一方面，讨论项目团队的组成、管理程序、成员的角色和职权范围，确保每个阶段都有对应的管理主体（伦敦交通局子部门）和管理内容（具体政府行为）；另一方面，还要讨论项目的愿景，确保团队成员对项目有统一的认识。

最后，确定一套严格的街道设计审查机制。街道设计审查小组是伦敦交通局下设的参与伦敦街道环境事宜的决策机构，这是一个由来自伦敦金融城的专业人士组成的多学科小组，旨在确保《指南》的愿景、设计原则、材料和布局等设计要求得到落实。审查会议每四周举行一次，只有受邀才能参加，会议上提出的建议必须得到实际的反馈。对于项目中遇到需突破《指南》的情况，也明确了豁免审批程序。这些规定虽略显琐碎，却使伦敦的街道管理工作能真正做到有条不紊，环环相扣，高效推进。

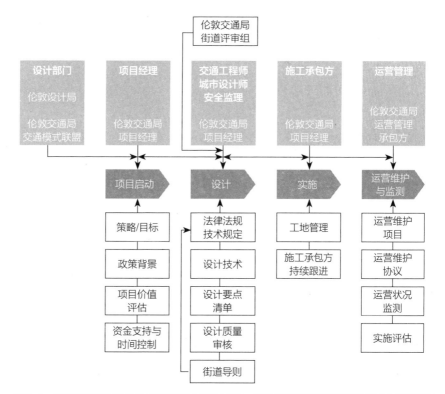

图8-4 伦敦街道设计流程与实施机制（图片来源：伦敦《街道环境设计指南》（2017年版））

8.2　北美地区街道设计手册分析

相较于欧洲国家，美国、加拿大等北美洲国家地广人稀，石油供给充足，因此支持小汽车发展、郊区化和城市蔓延的声音更容易被放大❶。一方面，充足的土地和石油资源使得民众一时很难深刻地意识到资源可持续供给问题的紧迫性；另一方面，更加自由的资本主义经济、社会制度带来了汽车工业、高速公路、机动化、郊区化这样的价值链条对整个国家经济和行为观念的捆绑。因此，以美国为代表的许多北美洲国家的街道设计转型相比欧洲国家起步较晚，并且更具有挑战。

北美国家街道设计标准发布情况　　　　　　　　表8-6

国家	标准	年份
美国	《纽约街道设计手册》	2009
		2015
	《波士顿街道设计手册》	2009
		2013
	《旧金山街道设计手册》	2010
	《西雅图街道设计手册》	2005
	《洛杉矶街道设计手册》	2008
		2011
加拿大	《温哥华街道设计手册》	2012

8.2.1　编制背景

与英国类似，工业革命是美国各城市发展的主要动力。工业革命时期，美国城市主要围绕火车站、码头等区域性交通设施布局，住宅、零售、工厂等功能混杂在一起，引发了有关卫生环境、市民健康、防火防灾等的一系列

---

❶ 周江评，王江燕，姜洋. 慢行交通的意义、国际研究进展和实践小结——写给慢行交通"保卫战"中的中国城乡规划师［J］. 国际城市规划，2012，27（5）：1-4.

令人头疼的城市问题❶；19世纪30年代到19世纪末期，随着轨道交通的发展繁荣，市民得以远离工厂异地而居，从而产生了"有轨电车郊区"；大约在20世纪初到20世纪70年代，机动车的出现与发展将众多工厂从市中心释放出来，于是居住与工业又重新混杂在一起，以前拥挤的景象又以另一种形式重现——新城镇，这些位于郊区的新城镇普遍建立了以小汽车为导向的城市发展模式，而正是这种模式造成了美国城市的蔓延、社会空间的分离、环境的恶化、能源的浪费以及人民生活品质的下降；为了应对这些问题，美国于20世纪70年代以后开展了基于传统城市形态和类型学的"新城市主义"、"精明增长"和"可持续发展"三场城市运动，使街道作为最主要的城市公共空间重新被人们认识，塑造以人为本、舒适、友好的城市步行环境的思想，以及基于城市用地、功能、交通、密度、特色等进行综合解决的城市街道设计手段也被越来越多的人认可。这些理念的产生彻底改变了城市街道空间的定位，直接影响了美国街道设计的未来。

在街道发展政策方面，美国俄勒冈州于1971年首先提出了"完整街道"政策❷。政策要求所有新建或改建道路必须设置自行车道和人行道，并且要求州政府和地方政府为自行车及人行道设置提供资金保障。2003年，美国道路精细化发展联盟给出了"完整街道"的定义，确定完整街道的内涵为路权公平、绿色发展，强调"应为全部使用者提供安全的通道，包括各个年龄段的行人、骑行者、机动车驾驶人、公交乘客和残疾人"。2005年，美国规划协会、美国景观协会、美国退休人士协会、美国公交协会和美国心脏协会的代表共同发起成立了"美国完整街道联盟"，并发起了全国范围的"完整街道"运动。

在实施策略方面，"道路瘦身"成为美国街道规划设计中的一种常用手段。该方法通过减少原有的机动车道空间以满足非机动车、行人等出行需求和安全要求。最早的道路瘦身改造工程是1979年在美国蒙大拿州比林斯市十七西街的双向4车道改3车道工程，瘦身改造后，街道冲突事故数量明显减少，且未造成明显的交通延误❸。目前，美国已经有16个州超过30个权力机构允许减小街道宽度标准，例如哥伦布市，居住街道的宽度已从10.5米减小到了7.5米❹。

❶ 林磊. 从《美国城市规划和设计标准》解读美国街道设计趋势 [J]. 规划师，2009，25（12）：94-97.

❷ 叶朕，李瑞敏. 完整街道政策发展综述 [J]. 城市交通，2015，13（01）：17-24，33.

❸ Rupprecht Consult. Guidelines: Developing and Implementing a Sustainable Urban Mobility Plan [R/OL]. （2014）[2017-05-05]. http://www.eltis.org/sites/eltis/files/guidelines-developing-and-implementing-a-sump_final_web_jan2014b.pdf.

❹ 钱磊. 街道断面设计对街道行为的影响性研究 [D]. 同济大学，2008：93.

　　在设计标准方面，《美国城市规划和设计标准》(本节简称《标准》) ❶引领了美国街道设计的深刻变革。《标准》于2006年由美国规划协会主持编写并出版，其中关于"街道设计标准"的内容在第三部分"结构"和第四部分"场所与场所的创造"的一些章节中均有详细阐述。虽然"街道设计标准"在这本书中并没有集中地提出，但其所占据的篇幅和写作分量足以说明这本书对街道设计的充分关注及对街道在城市中的地位和作用的肯定。在此前后，美国的一些大城市，如西雅图、洛杉矶、纽约、旧金山、波士顿纷纷出台了各自的街道设计标准。

　　在美国各城市发布的街道设计标准中，纽约交通部2009年联合城市规划、设计与建设、建筑、环保、经济发展、城市管理等多方力量编制发布的《纽约街道设计手册》(本节简称《手册》) ❷最具代表性。作为对街道战略规划《可持续的街道》与交通白皮书《世界级的街道》的技术细化，《手册》面向设计操作和审查提供详细指导；同时，《手册》也是"纽约2030规划"实现"建设更伟大、更绿色纽约"愿景的重要支撑，促进纽约市继续保持创新型世界城市的地位，打造更和谐和绿色的城市❸。随着城市发展目标的变化，《手册》也不断更新，不断融入最新的实践经验与设计理念，并于2015年进行了修订，以期通过街道设计提供一个不断进步、富有创新性且安全、良好的城市环境。

　　在纽约等许多城市丰富的实践经验基础上，为了更好地指导美国各城市的街道设计，美国国家城市交通官员协会于2013年开始陆续颁布了以《全球街道设计指南》❹为总领的系列街道设计指南丛书❺，突出强调了城市街道作为公共空间的核心原则，并发起将美国的街道创造为人的活动空间，实现安全、活力的街道生活的倡导。其中，《全球街道设计指南》(本节简称《指南》) 更是由美国国家城市交通协会和美国全球城市设计倡议协会联合出版的第一本全球性的城市街道设计导则，来自全球的专家参

❶ American Planning Association. Planning and Urban Design Standards [M]. Hoboken: John Wiley & Sons, Inc., 2006.

❷ New York City Department of Transportation. Street Design Manual [S]. New York: NYDOC, 2009.

❸ 张久帅, 尹晓婷. 基于设计工具箱的《纽约街道设计手册》[J]. 城市交通, 2014, 12 (02): 26-35.

❹ New York City Department of Transportation. Street Design Manual 2015 Updated Second Edition [M]. New York: Department of Transportation, 2015.

❺ 美国国家城市交通官员协会发布的街道设计系列丛书包括《城市街道设计指南》《全球街道设计指南》《城市自行车道设计指南》《公共交通街道设计指南》及《城市街道雨洪水管理设计指南》。

与了导则的编制及指标体系的构建，提供了世界范围内不同国家、不同城市、不同诉求的街道设计类型和元素。《指南》重新定义了街道设计的全球准则，从街道定义、街道塑造、街道评价、街道详细设计要素、街道运营管理和不同类型街道改造方法和案例等方面进行了详细的介绍，强调了行人、非机动车、公交车在设计中的重要性，对街道的规划、设计与管理有着非常实际的指导和借鉴意义。

　　本章以最新版《纽约街道设计手册》和《全球街道设计指南》为例，对其框架与使用范围、目标与对策、街道要素和实施机制做具体分析，以期为我国新时期的城市规划与建设提供参考。

8.2.2　体系架构

（1）《纽约街道设计手册》

《手册》包括八个部分内容，整合了纽约街道设计中的指导方针、政策和流程，融合了国家认可的工程设计准则和地方标准以及相关法律法规等广泛的资源，为街道设计相关人员，包括设计专业人员、城市管理者、社区团体和私人开发商等，提供了重要的信息和参考内容。

《纽约街道设计手册》综合框架　　　　　　　　表8-7

章节	内容
引言	介绍街道设计的背景、目标和相关政策
流程	介绍街道设计项目的流程，包括构思、计划、设计和实施
街道设计	提供街道设计工具箱
街道材料	为街道各个元素提供选材建议和规范性的指导意见
街道照明	指导街道照明设施的设计
街道家具	指导常规街道家具的布局，控制相关设计参数
景观	指导街道上植物的选取，并与城市中的绿色基础设施、雨洪管理相结合
附录	术语解释及参考依据

注：根据《纽约街道设计手册》整理。

（2）《全球街道设计指南》

《指南》包括三个部分内容：关于街道、街道设计导则和街道改造。

《全球街道设计指南》综合框架　　　　　　　　表8-8

章节	内容
第一部分	重新定义街道及街道设计的一些基本原则
第二部分	针对街道的使用对象，从需求出发，分析街道设计要素及其设计特点，作为设计的出发点和依据
第三部分	引入具体案例，通过综合分析典型案例中各设计要素的组合方式来总结、分享成功设计的实践经验

注：根据《全球街道设计指南》整理。

8.2.3　目标与策略

（1）《纽约街道设计手册》

街道占据了纽约市四分之一的土地面积，是纽约市基础设施的重要组成部分，街道作为公共空间对城市的环境健康和居民的生活质量有着重要的影响。为了在有限的街道空间内解决交通、生态、生活等诸多问题，需要尽可能地提高街道的审美标准，为此《手册》提出了表8-9中的几项设计原则。

《纽约街道设计手册》提出的街道设计原则　　　　　表8-9

原则	具体要求
安全性	优先考虑所有街道的安全；重视慢行交通需求；鼓励创新性安全策略的实践
平衡性	平衡街道的交通性和可达性，提高通行效率和街道活力
协调性	保护地方特色，街道设计应与周围环境相协调
场所性	促使街道空间中人们的交往与互动
可持续性	测试评估和规范新型材料，改善城市卫生环境和应对气候变化
经济性	评估街道设计中的成本效益

注：根据《纽约街道设计手册》整理。

《手册》以"设计工具箱"的形式提供设计指导，通过将所有街道设计要素合理分类，从空间、材料、照明、家具、景观五个方面以及定义、要点、优势、适用条件和可持续机会五个层面形成设计工具箱，通过详细阐述和评定（广泛、局部、试点）每一个街道设计要素和措施，为街道设计提供一套通用的设计指引，使得每一项要素得以标准化与可索引。其中可持续机会部分的内容，更是创造性地阐述了如何在满足功能要求的同时将资源利用最大化，环境影响最小化。

（2）《全球街道设计指南》

全世界的街道都在随着城市的发展而不断变化，城市资本正在从高速公路等扩张型交通基础设施向公共交通流动，城市设计也从建设更宽阔的道路向更优质的场所转变。世界上大多数的人生活在城市当中，依靠步行、自行车或公共交通出行，但大多数的城市街道空间都是为机动车设计的，这种日益明显的"不平衡"状态正在改变城市的规划方式，街道设计必须更好地平衡各方面的需求，为此，《指南》以塑造伟大的街道为愿景，提出十项设计原则。

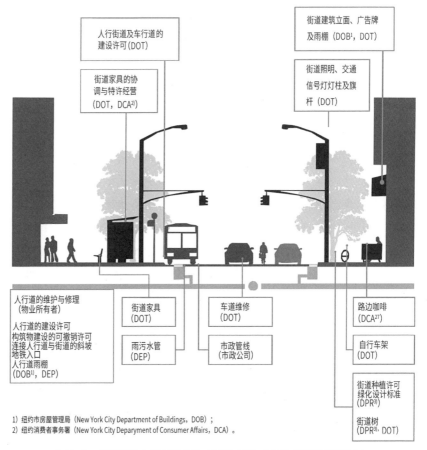

1）纽约市房屋管理局（New York City Department of Buildings，DOB）；
2）纽约消费者事务署（New York City Deparyment of Consumer Affairs，DCA）。

图8-5　街道设计中的责任主体（图片来源：《纽约街道设计手册》）

《全球街道设计指南》提出的街道设计原则　　　表8-10

原则	具体要求
所有人的街道	满足不同用户的需求，并且始终把人放在首位
安全的街道	优先考虑行人、骑行者及弱势群体的安全
多维的街道	街道应该是多维的动态空间，人们会用所有的感官去体验它
健康的街道	街道的设计应能支持健康的环境和生活方式，促进交通系统的完善，并整合绿色基础设施，改善空气质量和水质，保证人们身心健康
活力的街道	将街道设计为优质的公共场所和活动场所
多模式的街道	优先考虑积极、可持续发展的交通模式
生态的街道	整合绿色基础设施，以改善城市生态系统
街道创造价值	整合街道的经济资源和功能元素，吸引人们驻足并提升物业价值
街道适应环境	街道设计应随周边城市环境、土地利用变化而变化
街道可以改变	街道设计应反映全新的优先事宜，为不同的用户分配适当的空间

注：根据《全球街道设计指南》整理。

　　《指南》提出一条高品质的街道应该从塑造场所和满足使用者需求两个方面进行设计，也就是"为空间设计街道"和"为人设计街道"。其中"为空间设计街道"应该考虑街道的建筑环境、自然环境、社会文化环境和经济环境等因素对街道空间尺度和特点的影响；而"为人设计街道"应从谁来使用、什么时间使用和使用目的几个方面考虑街道现在和未来的需求，并确保街道的设计能够平衡各类的需求。

　　此外，为了更好地衡量街道项目是否成功，《指南》还给出了详细的街道测度方法，以评估街道改造前后物质空间变化、使用功能变化及对社会和环境产生的影响，测度的方法包括定性和定量两种。

《全球街道设计指南》提出的街道测评表 表8-11

街道测评表						
监测项目	监测内容	监测时间	监测的重要性	监测方法	监测区域	指标示例
物质空间和运营的变化	特定项目所带来的物质空间和运营的变化	改造前：监测并记录现有的现场条件；改造后：施工完成后立即监测实施	针对以前的条件或控制区域进行基准测试；建立城市基础设施的清单和数据库；向利益相关者展示，沟通短期成果和项目进度；监测条件的感知质量	对比改造前后的照片和视频；对比改造前后的计划和分区；基础设施质量的定性调查	项目现场和周边环境，保持位置的一致性	拓展人行道的长度和宽度；新增自行车道的长度；新增公交专用车道的长度；改善行人道通行长度的信号配对；新增树木的数量；居民对具体设施或条件的满意度
用途和功能的变化	街道用户的行为变化和街道用途的变化；明确街道如何具有不同的功能，并探讨其成因；监测街道用户对变化的满意度	改造前：观察并记录现有的用途和功能，注意现场布局的位置；改造后：在第1、第3、第6和第12个月后定期检测，在不同的季节，每天和每周的不同时间进行监测实施	评估预期行为和功能改变是否取得成功；衡量用户满意度和用户感知度；对比以前的条件和其他项目；为可持续性街道的建立提供证据基础；总结经验教训，并为未来的街道设计提供信息	对比改造前后的照片和视频；现场技术和观察场地；定量分析；定性调查	项目现场、连接网络和周边社区；保持位置的一致性	模式分担比例和用户数变化；新增或改变的非流动性活动；车辆平均速度变化；用户偏好；处理或渗透的水量
产生的影响	该项目在多大程度上有利于区域的目标和原则，包括以下方面：公共卫生与安全；生活质量；环境的可持续发展；经济的可持续发展；社会公平	改造前：明确现有的指标，或收集与项目目标和优先事宜相关的新数据；改造后：在多个月后，以及第1、第2和第3年后，定期监测相关的指标数据实施	评估长期影响和利益；与较大的城市目标和优先事宜做比较；为可持续性街道的建设提供证据基础；衡量投资回报率，并评估成本效益；交流成果，并争取各方面对可持续性街道的支持	定量分析；定性调查；普查结果比较分析；环境分析	项目现场、周边社区、连接网络和全市规模；选择与特定指标相关的规模场所	道路安全（KSI/死亡和受伤人数，按地点划分）；呼吸系统疾病和慢性疾病；空气质量；交通系统中二氧化碳的释放总量；从城市系统转移的水量；物业价格；使用公共交通的人口占比；生活质量

注：根据《全球街道设计指南》整理。

8.2.4 街道要素

(1)《纽约街道设计手册》

《手册》将街道设计要素分为五个方面:空间、材料、照明、家具和景观,并以此为基础细分设计要点。针对每一个设计要点,《手册》都明确其含义、设计重点、作用意义、运用场合、满足的既定设计要求、其他需要考虑的设计要求、可持续发展潜力以及建议的设计要素推广度等。设计要点以空间区域与实体家具设计为基础,分别进行区分和总结,结合最新的绿色基础设施、景观都市主义以及交通稳静化等理念对街道设计进行新的思考,最终形成百余项设计要点,相对完整地概括了街道设计的全貌。

《纽约街道设计手册》提出的街道设计要素　　　　表8-12

设计要素				
类别	**空间要素**	**推荐使用**	**限制使用**	**试点使用**
公交专用车道与非机动车道	混合车道	○		○
	自行车道与流线 自行车道 自行车流线	○	○	○
	公交车道与公交线路 公交专用车道 公交专用车道(有物理隔离)		○	○
	共享街道			○
人行道与分隔带	人行道(通行区) 人行道(建筑与路缘石之间) 带状人行道	○ ○		
	路缘石拓宽 通过绿化种植拓宽路缘石 通过社区设施拓宽路缘石 公交站台 路段缩窄	○ ○ ○ ○		
	中间分隔带	○		
	路中安全岛	○		
车行道稳静交通设计	减速带 减速垫		○	○
	社区出口缩窄		○	
	交通分流 中间隔离护栏 强制转弯		○ ○	

		设计要素		
类别	**空间要素**	**推荐使用**	**限制使用**	**试点使用**
车行道稳静交通设计	对角线分流岛（Diagonal Diverter）			○
	减少车行道			○
	车行道禁止使用			○
	曲折车行道（Chicane）			○
	社区级交通环岛			○
	交通环岛			○
	凸起斑马线		○	
	凸起交叉口			○
街道种植	树池 独立树池	○		
	连续树池		○	
	雨洪收集树池			○
	绿色街道/种植区域		○	
	生态排水沟（Street Swale）			○

注：根据《纽约街道设计手册》整理。

（2）《全球街道设计指南》

《指南》从街道使用者需求出发，分析街道设计要素，提出可视化工具清单，采用量化和图例化的方式来解析各类设计要素的特点，从而展示不同使用对象的本质特征，并提供综合的设计方法和要求，实现普及的可行性。

《全球街道设计指南》提出的街道设计要素　　表8-13

		设计要素			
行人工具箱	**骑行工具箱**	**公共交通工具箱**	**机动车驾驶工具箱**	**货运工具箱**	**商贩工具箱**
人行道	自行车设施	公交专用道	行车道	标牌	选址指导
人行横道	带标志的缓冲区	快速公交通道	交通信号	专用停车场	专用空间
行人安全岛	结构缓冲区	公共交通站	标牌	转弯车道	座位
人行道延伸	分段式混凝土分隔带	公共交通候车厅	路面标志	可伸缩、可移动的护柱	存储
行人坡道	交通分流器	寻路	停车线	路缘坡道	电力
视力障碍指引	先行制动区或自行车框	实时到达信息	照明	减速垫和减速台	水和废物

设计要素					
行人工具箱	**骑行工具箱**	**公共交通工具箱**	**机动车驾驶工具箱**	**货运工具箱**	**商贩工具箱**
标牌和寻路标志	两级转弯队列框	公共交通信号	沿街停车位	铺路材料	照明
行人倒计时信号	拐角安全岛	公交车站	停车计时器	时间限制	营业时间
照明	自行车信号	无障碍上车区	出入口管理		
座位	寻路、标牌和标志	座位	护柱		
喷泉式饮水器	共享自行车站	售票机	交通减速策略		
天气防护	自行车天桥和地下通道	自行车停车场	电动汽车充气站		
路缘	自行车架	公交车上的自行车	无障碍停车位		
垃圾箱	自行车栏	垃圾箱	路缘坡道		
活跃的建筑边缘	自行车停车构筑物		交通执法摄像机		
树木和景观美化	构筑物				

注：根据《全球街道设计指南》整理。

此外，考虑到街道相关公共设施对改善社区居民生活质量、促进社会和经济发展的作用，《指南》特别强调街道设计要与公共设施和绿色基础设施相协调，并对地下公共设施和绿色基础设施的设计和安装提出了详细的指导和要求。

8.2.5　实施机制

（1）《纽约街道设计手册》

为了确保实施，《手册》提出街道规划、街道设计和街道管理三个阶段的实施机制。

首先，每一条街道和其所在的环境都是密不可分的。因此在街道设计中应从更大的区域视角去考量街道的作用。街道项目应从明确的目标开始，不仅应该寻求如何解决预先存在的问题，还要满足政策目标和其他利益相关者的需求，并且部分利益相关者应该从概念到实施全过程参与项目。

其次，街道设计手册提出的设计指引在大多数情况下是不规定必须使用的具体设计内容和设计组合的。当出现矛盾和冲突时，手册也没有规定应该优先采用哪种设计方法，而是给予使用者足够的灵活性，让使用者确定最合适和最实用的设计方法。

最后，高品质的街道不仅仅要依靠高质量的规划设计，也要依靠高水平的运营和管理。例如限速管理、交通控制、单双向通行管理、限时通行等手段是确定街道如何运作的重要因素，而街道材料、街道家具和街道绿植的维护是决定街道是否具有长远吸引力的关键要素。

《纽约街道设计手册》提出的街道设计流程　　　　　表8-14

纽约街道设计流程			
街道规划	**街道设计**	**街道管理**	**世界级街道**
社区优先	设计目标与设计速度	减速管理	
土地权属调查	线型与宽度	交通控制	
出行需求分析	平曲线与竖向设计	单/双向通行管理	
交通安全需求	单/双向通行	限时同行管理	
本地与过境交通	公共空间	路缘石设计规范	
不同交通方式换乘	道路等级与排水系统	维护与清理	
出入口管理	公共设施	公共空间预留	
现状环境及公共空间条件	材料选择	短期或临时设施管理	
	街道照明	设施更新与加固	
	街道家具		
	街道植栽及雨洪安全保障		
	街道公共艺术		

注：根据《纽约街道设计手册》整理。

（2）《全球街道设计指南》

要确保街道设计项目能够按照预想实施，需要多个组织机构的协同，无论是设定目标、征询意见还是方案制定，都需要所有利益相关者的共同参与。

《全球街道设计指南》提出的街道设计流程　　　　　　表8-15

设计流程

流程步骤	主要内容	项目计划	项目实施	项目验收
背景分析	分析街道所处的物理、社会和环境背景	■■		
	分析街道使用者、使用时间和使用活动	■■		
	了解当地相关的法律法规及指导性文件	■■		
征求意见	与交通、规划、发展、公共卫生和环境等团体合作，并积极采纳当地居民意见	▬▬▬▬	▬▬	
设定目标	明确街道的外观和功能目标	■■		
	确定适当地情况的设计策略和方法	■■		
规划和设计	确定范围、土地利用强度控制、设施、要素、预算和时限，并进行专业评审	▬		
项目建设	安排合适的设备和服务人员保障质量		■■	
维护和管理	使用优质的材料，主动定期维护		▬▬	
评估影响	将评价指标数据与实施前进行对比		■■	■
更新政策	评估结果作为更新政策的依据	▬▬▬▬	▬▬	▬

注：根据《全球街道设计指南》整理。

8.3　亚洲地区街道设计手册分析

　　社会经济发展的不同直接影响着城市的发展形态和城市化进程，进一步直接影响了街道设计的发展。欧美国家城市化进程、机动化水平较快，在街道空间设计这方面的研究和探索更为深入，而亚洲许多国家尚处于快速发展阶段，仍旧以城市人口迅速增长为主要特征，在街道设计上更注重交通问题的解决和道路空间的合理配置。

亚洲国家街道设计标准发布情况　　　　　表8-16

国家	标准	年份
日本	《土地、基础设施、交通和旅游白皮书》	2009
阿联酋	《阿布扎比城市街道设计手册》	2010
印度	《步行设计导则》	2009
	《新德里街道设计手册》	2010
	《印度街道设计指南》	2011

8.3.1　编制背景

（1）阿联酋阿布扎比

海湾国家阿联酋盛产石油，阿布扎比作为阿拉伯联合酋长国首都，拥有阿联酋90%以上的油气储量，是阿联酋最繁华的中心。这座位于波斯湾的一个"T"字形岛屿上的城市，原本是一片荒凉的沙漠，气候干燥炎热，年降雨量极少，全年光照充足，昼夜温差较大，但是在20世纪60年代后短短四十年的时间里，随着石油的大量发现和开采，阿布扎比已成为一座现代化的国际都市。经济繁荣的同时，阿布扎比的城市人口也在迅速增长，预计到2030年将达到300万人（据统计，2006年为160万人，其中80%为移民人口）。大规模的城市开发和极高的机动车使用率给城市带来了巨大的能源消耗，交通拥堵和环境污染等问题亦随之而来，同时其独特的气候条件也使得阿布扎比的城市建设充满挑战。

为了应对全球变暖的影响，实现可持续发展，阿布扎比政府于2007年推出了一项非常有远见的城市发展规划，即《阿布扎比2030远景规划》，试图通过降低对石油经济的依赖，确保全社会利益与经济发展的平衡。其中提到的一个重要的原则就是要尊重自然环境，顺应自然环境，以环境因素特别是敏感的沿海和沙漠生态系统为指导建设可持续发展城市。在此背景下，阿布扎比政府成立了"城市规划委员会"（UPC），专注于前沿的城市设计，保护文化资源，培育阿拉伯穆斯林基础社区，创造城市居民和环境之间的互动，尤其是对街道空间环境的塑造。为了更好地实现2030年的规划目标，UPC于2010年颁布了《阿布扎比城市街道设计导则》[1]，旨在全面改善城市和社区的慢行环境，保障街道安全与城市品质，协调与满足每一个交通参与

---

[1] Abu Dhabi Urban Street Design Manual [R]. Abu Dhabi Urban Planning Council, 2009.

者，引导目前由小汽车主导的城市出行结构向多交通方式平衡过渡，使城市交通发展模式能够稳步转型。

（2）印度新德里

印度是四大文明古国之一，世界第二人口大国，也是社会财富分配极度不平衡的发展中国家，然而印度的交通运输能力却远远落后于其经济发展的需要。从20世纪90年代开始，城镇化的发展以及机动车数量的增加，加剧了印度各地的城区，特别是在大城市，对私人机动车交通的依赖，导致交通拥堵、空气质量下降、交通事故增多以及能源安全等诸多问题[1]。1976年，联合国人居大会提出发展中国家应优先发展公共交通，目的是在交通对环境破坏程度最小的前提下实现大多数人的最大利益，并且最适宜地保护不可再生资源。然而尽管全世界长期都在提倡使用公共交通出行，然而包括印度在内的许多发展中国家的机动车数量仍然在以每年10%~15%的速度迅速增长[2]。此外，印度摊贩长期非法占据着街道空间，导致公共空间"私有化"，难以一次性大规模移除，使得街道空间环境脏乱混杂[3]。进入21世纪以后，随着交通规划理念的推进，在重新重视街道功能和效率的发展背景下，印度新的《国家城市交通政策》明确提出了重视道路资源分配的公平性，即"以人为本"的思想，以"服务于所有使用者"为目标，维护街道活动的多样性和生活化[4]。

2009年，印度新德里市联合交通运输设施中心出版了《步行设计导则》，并以此为基础于次年发布了《新德里街道设计导则》[5]，划分了不同功能层级的街道类型，对街道中各类元素的设置提出建议，并提供了建议的街道设计模板，以同时实现机动性、可达性、安全性、舒适性和生态性的目标。结合新德里一年的实践经验，印度交通与发展政策研究所、环境规划联盟共同编制了《印度街道设计指南》[6]，以合理配置道路空间为导向，综合考虑道路宽度、交通量、街边活动、周边土地使用等因素的影响，打造服务于所有街道使用者的"完整街道"。

❶ Agarwal O P. 印度应对城市机动化策略 [J]. 城市交通，2010,8（5）: 25-27.

❷ Nicholas P Low，Swapna Banerjee-Guha. 孟买和墨尔本：与交通可持续发展背道而驰 [J]. 国外城市规划，2002，(6）: 25-32.

❸ 周飙. 印度摊贩的街道占据权 [EB/OL].（2010-10-26）[2019-04-03]. http://finance.sina.com.cn/roll/20101026/07368842887.shtml.

❹ 尹晓婷，张久帅.《印度街道设计手册》解读及其对中国的启示 [J]. 城市交通，2014，12（02）: 18-25.

❺ UTTIPEC, Delhi Development Authority. Street Design Guidelines [R]. 2010.

❻ ITDP, EPC. Better Streets, Better Cities：A Guide to Street Design in Urban India [R]. 2011.

　　本章以《阿布扎比城市街道设计手册》和《印度街道设计指南》为例，对其编制流程、目标与对策、街道要素和实施机制做具体分析，以期为我国新时期的城市规划与建设提供参考。

8.3.2　体系架构

（1）《阿布扎比街道设计手册》

　　该手册包括七个部分的内容，阿布扎比城市规划委员会（UPC）联合市政府（ADM）、交通部（DOT）、市政部（DMA）及警察局（ADP）等相关部门成立了技术咨询指导委员会（TAC），针对街道滨水区、居民社区等制定了一系列设计标准与准则，作为城市规划设计师、交通工程师、市政工程师、景观设计师等专业人士的工具，用于阿联酋除高速、乡村道路以外的所有城市道路的设计与开发。

《阿布扎比街道设计手册》提出的街道设计综合框架　　　表8-17

章节	内容
引言	介绍导则编制的背景、目的、适用范围、原则和目标
使用方法	对比传统的街道设计方法，阐述新的街道设计方法以及如何在街道设计中运用导则
设计要点	明确街道设计中应考虑文化、气候、地理条件等注意事项
设计流程	介绍了街道设计的四个阶段
街道空间设计	介绍了街道的组成，提出根据街道的类型灵活控制设计参数
街道环境设计	包括街道中材料的选用，临街建筑界面的设计，以及遮阳、照明、水资源利用、街道家具和引导标识布局等内容
案例	以瓦思巴新城为例，说明导则在实践中的应用
维护与管理	介绍沙漠地区街道中砾石堆积的处理以及街道中各设计元素的维护方法
评估与更新	介绍了街道审查委员会的权利和职责，以及导则的更新机制
附录	术语解释及参考依据

注：根据《阿布扎比街道设计手册》整理。

（2）《印度街道设计指南》

该指南内容包括五个部分，明确了街道的不同功能，并强调需要设计完整的街道，为所有用户提供空间，并通过横断面和交叉口设计模板展示了不同街道要素是如何有机结合到一起的。《指南》能够为城市规划师、城市设计师、景观设计师、土木工程师及所有对改善城市街道环境质量和街道特征感兴趣的政府官员和市民指明街道解决方案的方向所在。

《印度街道设计指南》提出的街道设计综合框架   表8-18

章节	内容
引言	介绍了街道设计的愿景，阐述了为什么街道需要为所有用户设计，而不仅仅是为机动车设计
设计要素	介绍构成街道的16个要素，并对每个要素提出设计指引
横断面设计模板	给出典型道路宽度的街道设计模板
交叉口设计模板	给出了不同类型交叉口的设计模板
设计流程	以一个城市交叉口为例，阐述了街道设计的整个流程

注：根据《印度街道设计指南》整理。

8.3.3　目标与策略

（1）《阿布扎比街道设计手册》

《阿布扎比街道设计手册》（本节内简称《手册》）认为，街道设计的目标应是将设计重点从当前的"以车为本"转变到"以人为本"，即综合考虑行人、骑行者、公交乘客及小汽车驾驶员的需求，在街道设计中应遵循协调性、安全性、高效性、可持续性、健康性、舒适性、经济性、文化性等原则。

《阿布扎比街道设计手册》提出的街道设计原则   表8-19

原则	具体要求
协调性	保证交通功能的同时，与地区土地开发紧密协调，承载周边的所有交通出行与社会活动
安全性	保证所有街道使用者的安全
高效性	保证所有交通模式的高效运行
可持续性	减少碳排放，实现经济、社会、生态和谐发展
健康性	提高慢行交通出行率，改善卫生状况，减少肥胖、心脏病与糖尿病的发生
舒适性	营造令人愉悦的街道环境，吸引居民漫步和游客观光
经济性	促进沿街物业升值和商业繁荣，吸引商业投资和旅游业发展
文化性	保留当地传统与文化，展现现代、多元的国家形象

注：根据《阿布扎比街道设计手册》整理。

图8-6　街道分类矩阵（图片来源：根据《阿布扎比街道设计手册》整理）

　　为了促进街道交通功能与土地利用相协调，《手册》摒弃传统的"功能主义"道路分类方法，从街道的交通属性和用地属性两个维度构建街道分类矩阵，以平衡多元利益的需求，并作为不同街道在速度控制、车道布局等方面进行差异化设计策略与指引的前提。

　　交通属性按交通承载力由高到低将街道分为主干路、次干路、支路和接驳道路，用地属性按步行活动水平由高到低将街道分为城市中心区、次中心区、商业区、居住区、工业区和边界区。

　　为了满足所有使用者的安全需要和所有交通模式的高效运行，《手册》明确了街道通行优先等级，以把握不同街道使用者的需求，并在实践中灵活应对。

《阿布扎比街道设计手册》提出的街道通行优先等级　　　表8-20

等级	使用者	需求
第一位	行人	遮蔽需求：着重设计遮蔽设施以应对潮湿、高温与日照
		文化需求：保护妇女隐私，能够快速方便地到达清真寺等宗教建筑
		安全需求：根据各类人群的行为尺寸设定步行通道宽度、通过交叉口的时间，保证无障碍通行

续表

等级	使用者	需求
第二位	公交车	设置安全舒适的等候区
		确保公交站点的高可达性
第三位	自行车	设置自行车专用的空间
		确保足够宽度的自行车道
第四位	机动车	根据街道类型控制行驶速度
		保障急救车辆快速通行
		以能够满足功能需求为原则合理设置机动车道宽度
		减小转弯半径
		设置路内停车，避免停车占用步行空间

注：根据《阿布扎比街道设计手册》整理。

（2）《印度街道设计指南》

《印度街道设计指南》（本节内简称《指南》）重新定义了街道在城市中的定位，既是供人们使用交流的公共空间，也是城市展现文化生活的形象代表，不仅汇集了地面上的不同交通方式，也涵盖了地下市政管线系统，因此，《指南》提出安全性、机动性、步行可达性、宜居性、协调性以及创新性六大设计原则，以促进设计环境美观、安全、步行适宜、宜居的街道，达成"更好的街道，更好的城市"的愿景。

《印度街道设计指南》提出的街道设计原则　　　　表8-21

原则	具体要求
安全性	街道必须对所有使用者安全，每条街道都需要有一个行人优先的慢行区
机动性	在空间上分离机动车通行的快速交通与行人和非机动车通行的慢速交通
步行可达性	所有的街道都需要有连续的人行道或安全的共享空间
宜居性	合理布置绿化景观和街道家具，为街道活动创造空间
协调性	街道设计应与当地的街道活动、行人的出行需求和周边的用地功能相协调
创新性	挖掘街道空间潜力进行创新性尝试，以完善街道功能

注：根据《印度街道设计指南》整理。

为了贯彻完整街道的理念,《指南》提出共享街道、快速公交系统(BRT)、摊贩区等相关的设计。首先,共享街道作为街道活动的场所,不仅供人们行走、互动,也允许摊位设置以及机动车缓慢行驶;既增强了街道活力,也提高了交通效率及安全。当道路宽度仅为7.5米时,可将其整体视为一条共享街道;针对道路较宽的情况,依据不同的街道使用方式明确地划分快速公交车道、机动车道、自行车道、人行道。其次,为了更长远地解决道路拥堵问题,《指南》提出建立快速公交系统,并在宽度18米以上、道路中央设置BRT车道的一系列街道设计模板中针对BRT车道的位置、宽度、交叉口处理、车站布置、自行车停放等方面提出设计标准与要求。最后,针对印度不可回避的摊贩文化,《指南》提出可通过设置专门的高品质摊贩区向行人提供购物空间。

8.3.4　街道要素

(1)《阿布扎比街道设计手册》

《手册》根据街道的不同使用对象,将街道分为五个区域,并将步行区域细分为五个部分,从横断面和平面两个维度进行模块化设计,其中横断面主要用于确定不同交通方式的分区尺度,而平面主要对步行、公共交通、自行车、机动车等各类要素提出布局指引和要求。

《阿布扎比街道设计手册》提出的街道要素　　　表8-22

区域名称	主要功能
步行区	位于路缘石和用地界或建筑红线之间的空间,包括交叉口、人行横道、公共汽车站、候车站台、出租汽车上落站等
公交区	包括地铁出入口、公共汽车及有轨电车路线、车站、候车站台等,具体由交通部的相关规划来决定具体设施的类型
自行车区	布置在步行区域、专用道,或者共享临街车道、双向自行车道,具体由交通部来确定特色的自行车设施要求
机动车区	包括机动车道、转弯场地、停车场,其中路内停车是所有街道的首选,单主干路仅允许在临街车道内布置停车位
分隔带	主要设置在主干路及次干路,并提供不同的功能与用途,包括行人逗留空间、汽车转向车道空间、有轨电车空间、树木及景观美化空间等。尤其是路边分隔带应该将临街车道(frontage lane)与通行车道(traveled way)隔离开来

注:根据《阿布扎比街道设计手册》整理。

（2）《印度街道设计指南》

《指南》定义了16个容纳或服务于不同街道功能的设计要素，包含人行道、自行车道、机动车道、快速公交车道、中间分隔带、景观带、街道照明、路内停车、街道家具、排水设施、减速设施、市政基础设施、公共汽车站、辅路、行人过街设施、摊贩区等，并分别描述各设计元素的功能、重要性、挑战及设计标准准则。先以现状照片描述正反两面的示例，设计标准部分也以图示表达设计概念，以此为基础作为后续街道设计模板的组成部分。

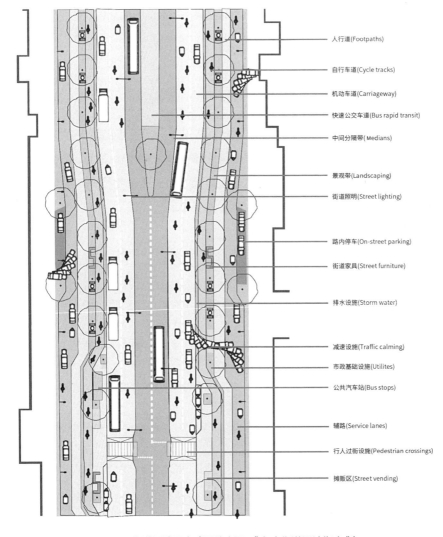

图8-7　街道设计要素（图片来源：《印度街道设计指南》）

8.3.5　实施机制

(1)《阿布扎比街道设计手册》

《手册》明确规定街道的规划设计应遵循四个阶段，严格按照规定程序执行。此外，《手册》也对街道的后续维护进行了相关规定，包括街道清洁、标识更新、积水处理、街道家具等问题。

《阿布扎比街道设计手册》提出的街道设计流程与审批流程　　　表8-23

设计流程		审批流程
信息收集与整理	土地使用（UPC）	咨询会议
	交通需求（DOT）	
	现状资源（DMA）	
	能源与水预算（UPC/DMA）	
	城市设计（DMA/阿布扎比2030计划）	
	市政需求（DMA）	
概念方案设计	分配土地使用	概念方案内审
	确定步行系统	
	确定公共交通系统	
	确定非机动车系统	
	确定机动车系统	
	确定道路横断面	
	确定概念方案	
	布置街道要素	
	冲突点处理	
	合理化解决方案	
	城市设计与景观设计	
概念方案评估审查	交通研究	概念方案外审
	安全审查	
	街道设计评估	
	街道性能测试	
	提交审核	
详细方案确认与深化	绘制施工图	详细方案审批
	详细景观和街道设计	

注：根据《阿布扎比街道设计手册》整理。

《阿布扎比街道设计手册》提出的街道设计评估清单　　　表8-24

项目	评估清单
1. 模拟设计与连接性	设计是否考虑到所有使用者的需求 不同交通方式之间的换乘是否容易 除上下班高峰期，是否都有全天候的吸引空间 设计是否创造了连续的街道生活 首层空间是否积极和友好，显得热情开放 所有建筑正立面设计是否与步行区域协调 建筑环境是否让行人舒适地使用或休憩
2. 安全考虑	步行过街是否安全 道路交叉口对所有使用者是否安全 是否拥有儿童独自游乐场地
3. 设计影响	周边建筑是否安全 地区是否拥有独特的意向 座椅等街道家具是否安放合理 照明对于街道使用者是否安全、足够 是否符合市政当局及城市规划委员会的预计 是否创造出了独特的区域
4. 步行需求	过街人行横道是否设计妥当 过街距离是否已经最短 信号配置是否满足通过需求 是否能保证行人在街区惬意穿行 功能用途是否容易理解并吸引行人 是否确保汽车不会影响步行体验 人行横道间距是否合适 步行区域是否没有空余，或者说家具区域尺度是否偏大，如果偏大，如何缩小或者调整到合理状况
5. 公交需求	公交车站是否容易找到并步行可达 交通地图及时间表是否标注清晰、浅显易懂 公交或出租汽车站台面积是否满足需求
6. 自行车需求	自行车设施是否经过精心设计和醒目 自行车路线标注是否清晰、明确 是否有足够的自行车停放区 自行车设施是否符合交通部的指引，在十字交叉口通行无阻
7. 私人汽车需求	通行设计是否符合实际情况（比如转弯半径过大） 汽车转弯路径是否都经过校核
8. 气候与环境考虑	景观绿化是否匹配街道，灌溉用水量是否可持续 灌溉预算是否太多 景观绿化是否适应当地的环境与土壤 步行区域是否大部分时间是阴凉的 树荫、建筑物等提供的步行遮蔽是否连续
9. 文化考虑	是否增进人们的认同，适合文化与民族交融 是否鼓励不同年龄、性别、种族的人群和睦相处 是否保障妇女的私人空间 是否具有群众集会的场所

注：根据《阿布扎比街道设计手册》整理。

（2）《印度街道设计指南》

《指南》最后对整个操作流程进行演示，并通过实际案例进行说明，包含愿景设定、地形地貌调查、行人及活动调查、停车调查、路权分配、交叉口流量/流向调查、街道模板选择、主—主交叉口设计、公共交通设计及主—次交叉口设计等10个步骤。可以看出，整个设计基于对现状街道的完整调查及对所有使用者使用行为的翔实认识，由选择和设计模板的标准也可以看出行人、骑车者和公共交通的出行安全和顺畅是街道设计的核心。

8.4 小结

（1）问题导向的编制目的

纵观国外的街道设计标准，其街道设计理念的总体方向基本一致，都是由"以车为本"向"以人为本"转变，促使街道回归公共空间属性，关注街道发展的可持续性，提升街道空间品质，为居民提供一个安全、美好的城市环境。但是，从国外城市的发展经验来看，在不同的区域环境、人口规模、经济发展、政府管理模式下，所面临的城市交通问题不同，编制标准的侧重点也就有所不同。例如伦敦编制街道设计标准的目的是通过工具手册的方式更加科学规范地指导伦敦的街道建设，解决伦敦的交通和环境问题；而阿布扎比则是通过引导城市多种交通方式均衡发展，达到促进城市可持续发展的目的。

（2）清晰完整的体系架构

通过对比分析可以发现国外的街道设计标准总体可以分为引言、方法与程序、街道设计指引和管理维护四个部分。引言部分总领街道设计标准的全部内容，主要是为了明确街道设计标准编制的目的和依据，提出街道设计的原则和适用范围，确定街道设计的目标等内容；方法与程序主要是阐述街道设计的一般流程，明确从现状分析和资料收集到设计评估与审批的详细流程，包括确定交通方式的设计优先级、基本设计参数、一般流程和评估方法。

但是，不同国家和城市编制导则的侧重点不同，其体系架构的内容也会有所区别。例如，伦敦为了更好地展示城市形象，有专门的章节分析设施材料的选择和引导；而印度为了提高交通运行效率，解决街道混乱的问题，单独增加了设计模板的打造,对街道的景观及细节则有所欠缺。

（3）多元化的设计策略

国外编制的街道设计标准都打破了传统街道设计理念中道路红线的束缚,将街道设计的控制范围扩大到建筑边线,将建筑前区纳入街道设计的范围中;强调街道的交往属性,将街道中人的活动作为设计中需要考虑的问题之一;充分考虑自行车道、公交专用道等街道设计要素,给予自行车和公交车足够的路权和街道空间;部分标准还特地在街道景观设计中融入可持续发展的设计理念。

不同点在于采取的具体策略不同。例如伦敦非常重视街道环境的整体性和一致性,因此对街道典型要素都提出了精细化的设计要求;纽约更重视街道特色的塑造,因此对街道设计要点没有采取强制性的实施措施,给予使用者一定的弹性空间和选择余地,以更好地发挥出设计的主观能动性。

（4）全方位的实施保障

通过对比分析可以发现,国外街道设计流程都摒弃了传统的蓝图式"终端规划",开始追求动态指引和弹性控制,并且越来越科学、系统;都深刻认识到规划设计不单是设计师的职责,更多的是多部门的协调以及跨专业的合作;都开始注重公众参与及透明化,强调市民对街道建设的重要性。

各国街道设计导则对比　　　　　　　　表8-25

地区	欧洲	北美		亚洲	
	英国	美国		阿联酋	印度
名称	《伦敦街道环境设计指南》	《纽约街道设计手册》	《全球街道设计指南》	《阿布扎比街道设计手册》	《印度街道设计指南》
时间	2004,2009,2017	2009,2015	2016	2010	2011
编制主体	伦敦交通局（官方）	纽约交通部（官方）	美国国家城市交通协会、美国全球城市设计倡议协会（非官方）	城市规划委员会（官方）	交通与发展政策研究所、环境规划联盟（非官方）
核心问题	交通事故	交通事故	交通事故	交通事故	交通事故
	环境污染	环境恶化	环境污染	能源消耗	人口增长
	城市形象	城市蔓延	社会公平	独特的气候条件和文化氛围	不均衡的经济社会发展

续表

战略目标	打造健康街道	更伟大、更绿色	塑造伟大街道	可持续发展	更好的街道、更好的城市	
主要策略	层次化的解决方案；精细化的设计要求	弹性化的控制要素；便捷化的设计清单	多视角的需求分析；多维度的测评方法	创新性的街道分类系统；模块化的街道分区设计	标准化的设计模板	
设计原则	可达性；生活性；开放性；功能性；安全性；可持续性	安全性；平衡性；协调性；场所性；可持续性	所有人的街道、多模式的街道；安全的街道、生态的街道；多维的街道、街道创造价值；健康的街道、街道适应环境；活力的街道、街道可以改变	协调性；安全性；高效性；可持续性；健康性；舒适性；经济性；文化性	安全性；机动性；步行可达性；宜居性；协调性；创新性	
街道要素	路面铺装	空间	行人工具箱	步行区	人行道	街道家具
	路边停车	材料	骑行工具箱	公交区	自行车道	排水设施
	人行道设施	照明	公共交通工具箱	自行车区	机动车道	减速设施
	街道环境	家具	机动车驾驶工具箱	机动车区	快速公交车道	市政基础设施
	交互节点	景观	货运工具箱	分隔带	中间分隔带	公共汽车站
			商贩工具箱		景观带	辅路
					街道照明	行人过街设施
					路内停车	摊贩区
实施机制	明确设计流程	明确设计流程	重视公众参与	重视公众参与	整合设计平台	
	整合设计平台	整合设计平台	明确设计流程	明确设计流程		
	建立审批制度	建立审批制度	整合设计平台	建立审批制度		
	项目评估	项目评估	建立审批制度	项目评估		
	运营维护	运营维护	项目评估	运营维护		
			运营维护			
			政策更新			

第 9 章
国内街道品质提升相关标准、规范分析

如前文所述，社会经济的发展和城市化进程直接影响了各个城市对街道品质的关注及相关标准、规范的制定。过去几十年，中国各大城市道路建设取得了巨大的成就，积极应对了城镇化的快速发展和机动化水平的提高所提出的新要求，但同时也给城市街区活力、街道品质带来了压力和挑战。2010年伊始，随着我国各大城市从增量规划向存量规划的转型，及一系列城市品质提升相关国家政策文件的出台，国内各大城市开始关注街道空间的品质，并效仿国外相继开展了街道设计导则、规范及指南的编制，由此也促进了国内街道空间规划与设计的理论研究。

目前国内已有多个城市和地区发布了街道设计导则/手册，如表9-1所示。本章选取了上海、广州、深圳、北京和武汉五个城市的街道设计导则，分析了导则编制的背景、流程、目标、对策、街道要素和实施机制，以期为我国其他城市街道导则的编制提供借鉴。

国内主要城市街道设计标准发布情况 表9-1

发布城市	街道设计标准	主导组织单位	发布时间
上海	《上海市街道设计导则》	上海市规划和自然资源局、上海市交通委员会	2016年10月
南京	《南京市街道设计导则》	南京市规划和自然资源局	2017年4月

续表

发布城市	街道设计标准	主导组织单位	发布时间
广州	《广州市城市道路全要素设计手册》	广州市住房和城乡建设委员会	2017年5月
昆明	《昆明城市街道设计导则》	昆明市自然资源和规划局	2017年10月
深圳	《罗湖区完整街道设计导则》	深圳市罗湖区城市管理局	2017年12月
北京	《北京街道更新治理城市设计导则》	北京市规划与国土资源管理委员会	2018年9月
武汉	《武汉市街道设计导则》	武汉市自然资源和规划局	2019年3月
成都	《成都市公园城市街道一体化设计导则》	成都市规划和自然资源局	2019年10月
青岛	《青岛市街道设计导则（试行）》	青岛市自然资源和规划局	2019年12月

9.1 《上海市街道设计导则》分析

9.1.1 编制背景

伴随着经济、社会的发展及交通工具、规划理念的转变，上海的街道经历了不同的发展阶段。1843年开埠后，上海租界内道路两侧商铺林立，热闹非凡，与街坊内部的弄巷共同营造了良好的活动与交往空间；1949年中华人民共和国成立后，工人新村及卫星城镇中依然沿用了生活服务设施设置在沿街建筑一层的做法，街道活力依旧❶；改革开放后，上海步入城市快速扩张时期，机动车爆发式增长，此时"以车为本"的规划理念成为规划设计界的主流，道路建设的首要目标是提高道路通行能力以满足日益增长的机动车需求；2000年以后，在"环形+放射型"快速路网的支撑下，上海的城市格局快速向外拓展，大尺度、大地块成为新区建设的主要型式，城市居民的活动从街道转向了大型商业综合体等集中空间的内部，街道活力丧失，逐渐成为冰冷空间的代名词。

2010年以后，随着城市发展的转型及中央城市工作会议的召开，上海开始转变发展理念，在政策制定、规划编制、城市建设中进行了多方面的尝试，以复兴街道活力。2014年，上海开始编制新一轮城市总体规划，该规

---

❶ 上海市规划和国土资源管理局，上海市交通委员会，上海市城市规划设计研究院. 上海市街道设计导则 [M]. 上海: 同济大学出版社，2016.

划明确了提升城市品质、塑造城市精神的内涵式发展模式；为进一步推动城市公共空间的品质提升，2015年，上海颁布了《上海市城市更新实施办法》，并于同年成立了上海城市公共空间设计促进中心。与此同时，上海也在旧区改造、历史街区保护中注重提升街道空间品质，取得了很好的效果，也积累了很多优秀的实践经验。在此情况下，《上海市街道设计导则》作为全国第一部街道设计导则应运而生，并引领了全国各大城市街道设计导则编制的热潮。

9.1.2 编制流程

2015年，上海市规划和自然资源局开始组织编制《上海市街道设计导则》(本节简称《导则》)，一年半后，于2016年10月联合上海市交通委员会正式对外发布。《导则》编制全程应用开门做规划的理念。首先，《导则》的编制团队由上海市城市规划设计研究院、扬·盖尔事务所及宇恒可持续交通研究中心等单位共同组成，在街道调研过程中也有同济408研究小组、一览众山小等社会团体的积极参与❶。其次，编制过程中重视公众参与与宣传工作，采用线上线下两种方式来充分收集公众意见，并联合中国建设报、文汇报、东方早报、澎湃新闻等主流媒体进行了系列的报道，对项目的推动起到了极大的作用❶。此外，《导则》编制过程中举办了一系列的对话沙龙活动，邀请专家学者、设计管理人员及热心市民参与街道的讨论，并由《上海城市规划》《城市中国》等杂志出版专辑，使得《导则》的编制取得了较高的关注度；《导则》发布后，住建部官方微信也进行了宣传推广，同时，编制团队也应邀到多个城市进行交流宣讲，进一步推动了《导则》在国内业界的影响力与知名度❷。

与其他城市导则编制工作方法不同，为给《上海市街道设计导则》提供技术支撑，项目团队对征集的案例进行了重新梳理与研究，将建成及在建的28个示范街道案例汇编成册，形成了《上海街道案例集》，进一步形象地宣传了《导则》❶。

❶ 葛岩，唐雯. 城市街道设计导则的编制探索——以上海市街道设计导则为例 [J]. 上海城市规划，2017 (01): 9-16.
❷ 张帆，骆悰，葛岩. 街道设计导则创新与规划转型思考 [J]. 城市规划学刊，2018 (02): 75-80.

9.1.3　体系架构

《导则》由三个部分组成，包含城市与街道、目标与导引及设计与实施，旨在明确街道的概念和设计要求，结合上海实际情况，为街道的规划、设计、建设和管理提供全方位指导，推动街道的人性化转型[1]。《导则》使用对象包含管理人员、设计师、建设者、沿线业主及市民，适用于城市支路、主次干路及非市政通道[1]。

《上海市街道设计导则》综合框架　　　　表9-2

框架组成	具体内容
引言	介绍导则编制的背景、编制的理念、应用范围和设计要素
城市与街道	介绍上海街道发展历程、街道分类、道路到街道理念的转变
目标与导引	以安全、绿色、活力、智慧四个目标为导向，提出具体的分层目标、设计导引、措施及案例
设计与实施	明确了不同类型交通参与者的活动特征，提出了街道设计的要素、断面及交叉口的设计建议；同时提出了街道实施策略

注：作者根据《上海市街道设计导则》整理。

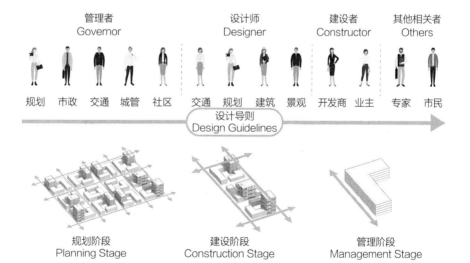

图9-1《上海市街道设计导则》与相关规范的关系（图片来源：作者根据《上海市街道设计导则》绘制）

---

❶ 上海市规划和国土资源管理局，上海市交通委员会，上海市城市规划设计研究院. 上海市街道设计导则［M］. 上海：同济大学出版社，2016.

9.1.4 目标与对策

从道路到街道不是从"以车为本"到"以人为本"的设计理念的简单转变，而是要从人的活动需求出发，将街道的设计要求贯穿于城市道路的规划、设计、建设与管理的全过程，并打破传统道路红线管控的要求，统筹道路红线内外空间的规划设计与实施，打造舒适的空间环境。基于此，《导则》提出了"坚持以人为本，将街道塑造成为安全、绿色、活力、智慧的高品质公共空间"的设计目标，并分别从理念、方法、技术和评价四个方面提出了四个转变：从"主要重视机动车通行"向"全面关注人的交流和生活方式"转变，从"道路红线管控"向"街道空间管控"转变，从"工程性设计"向"整体空间环境设计"转变，从"强调交通效能"向"促进街道与街区融合发展"转变。

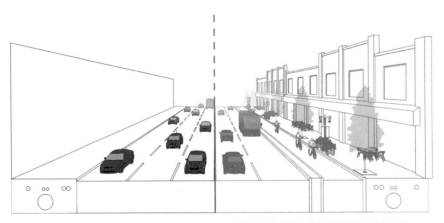

图9-2 从道路向街道的转变（图片来源：作者根据《上海市街道设计导则》绘制）

9.1.5 街道要素

《导则》按照街道空间内与人的活动相关的要素进行分类，将街道设计要素分为交通功能设施、步行与活动空间、附属功能设施、沿街建筑界面四大类，如表9-3所示。

《上海市街道设计导则》设计要素　　　　　　　表9-3

类型	内涵	主要要素
交通功能设施	与车辆通行有关的区域	机动车道、非机动车道、自行车专用道、公交车道、分车带
步行与活动空间	与行人活动有关的区域	设施带、步行通行区、退界空间
附属功能设施	街道家具、铺装标识、绿化	安全岛、铺地、划线、非机动车停放架、照明、行道树、座椅等
沿街建筑界面	两侧街墙、建筑附属设施	沿街立面、遮阳棚、雨棚、入口等

注：根据《上海市街道设计导则》整理。

同时《导则》以安全、绿色、活力、智慧四大导向目标为切入点，提出了21个子目标，并提出了相应的设计指引，如表9-4所示。

上海市街道设计导则要素汇总一览表　　　　　　　表9-4

目标	子目标	设计指引
安全街道	交通有序	系统协调、适度分离、有效分流、优先通行
	慢行优先	车道梳理、宽度与类型、稳静化措施、车速管理
	步行有道	人行道分区、红线内外空间统筹利用、步行通行区、设施带、建筑前区
	过街安全	过街设施、路缘石半径、人行横道、安全岛、异化交叉口设计、地块出入口
	骑行顺畅	骑行网络、路权保障、与公交车站的协调
	设施可靠	—
绿色街道	资源集约	土地集约利用、设计与使用
	绿色出行	优先排序、公共交通、非机动车设施、交通衔接
	生态种植	绿化形式、行道树、综合绿化、景观与活动
	绿色技术	海绵街道、绿色技术与材料
活力街道	功能复合	功能混合、积极界面、临时性设施、沿街出入口
	活动舒适	街道设施、活动空间、交通协调
	空间宜人	界面有序、人性化尺度、空间多样性

续表

目标	子目标	设计指引
活力街道	视觉丰富	近人区域、街角与对景、立面设计
	风貌塑造	城市形象与地区特征、空间景观特色、环境品质与公共艺术
	历史传承	历史文化街区与历史文化风貌区、风貌保护道路、历史道路
智慧街道	设施整合	智能设施、设施集约设置
	出行辅助	—
	智能监控	—
	交互便利	—
	环境智理	—

注：作者根据《上海市街道设计导则》整理。

9.1.6　实施机制

　　街道的规划、设计、建设和管理需要政府部门、沿线业主、设计师、企业和公众的共同参与，为保障《导则》的实施和应用，《导则》从规划、建设、实施方面提出了多项保障措施，如加强街道一体化规划管控，促进部门协同和公众参与，建立奖励、协商、资金保障等机制，并提出了更新地区街道规划的建议等❶。但由于《导则》编制的重心在于传递街道的理念和明确街道的设计目标、设计要素，《导则》没有明确提出实施机制，其提出的保障措施更多的是一种倡导型的建议，不具强制效力，在具体的实践中难以落实。

9.2　《广州市城市道路全要素设计手册》分析

9.2.1　编制背景

　　与诸多南方城市街道相似，古代广州的街道大多顺着河道弯曲延展，呈现自由式布局。砖石铺砌的狭窄路面、两侧紧密布设的建筑与热闹繁华的街

---

❶ 上海市规划和国土资源管理局，上海市交通委员会，上海市城市规划设计研究院. 上海市街道设计导则 [M]. 上海：同济大学出版社，2016.

景成了古时广州最具特色的社会缩影。1886年张之洞修建了1.5公里长的马路，奠定了广州近代街道建设的基础。20世纪30年代，广州城市街道建设速度位于全国之首，将市区的干道与数以千计的内街全部进行了更新改造，这些街道网络拉开了广州市的基本城市框架，也是广州市居民生活的重要载体❶。1945年至改革开放前，广州市的街道处于起步发展阶段，此时对街道的功能要求是通达，街道以慢行交通为主，街道热闹非凡。此时街道两侧的骑楼建筑和近现代建筑一起构成了街道独特的景观，使街道既传统又具有现代特色。

改革开放后，广州城市进入快速发展阶段，广州道路的建设也步入大规模建设和急速扩张时期，街道的建设重点是增加道路里程，广州建设了一批宏伟而又壮阔的道路，同时也更新改造了一批原有的老街道❶。与国内很多大城市类似的是，虽然这一时期广州道路建设取得了巨大成就，但是街道活力迅速下滑、街道特色逐步丧失，"环境污染、市容陈旧、交通拥挤、治安堪忧"成了广州留给外地来访者的印象。步入2000年以后，结合亚运会举办契机，广州加大城市道路建设的同时也逐步开始向形象提升方面转移，对24条干道的绿化带进行升级改造，打造了"一线花带、十里花堤、百道花廊、处处花境"的景象❷。

为贯彻落实中央、省关于进一步加强城市规划建设管理工作的意见精神，解决广州发展过程中面临的问题，广州市委市政府在《中共广州市委、广州市人民政府关于进一步加强城市规划建设管理工作的实施意见》中提出要"按照干净、整洁、平安、有序的要求，建设标准化、精细化、品质化的人居环境"。2016年5月，广州市启动了全要素品质化提升示范路建设工作，全面提升广州示范路建设水平。该项工作已于2016年底全部完成，覆盖全市11个区，做到"一区一条示范路"，总计完成示范路建设超过22公里❸。

目前，广州已进入城市建设的品质提升时期，在道路红线内解决机动车效率问题的传统规划理念越来越难以适应高品质生活环境的要求，规划理念急需向精细化、品质化进行转变。在总结示范线建设经验的基础上，2017

❶ 作者根据简书上的文章"广州街道（9）‖结束篇：在历史与未来之间永恒漫游"整理而得，具体可参考：https://www.jianshu.com/p/8798692d6ff3.

❷ 张勇. 亚运会24条道路改造扮靓广州绿化带变精致园林［EB/OL］.（2009-7-14）［2019-06-10］. http://news.sohu.com/20090714/n265192528.shtml.

❸ 从"城市道路"到"城市空间"广州打造城市道路设计新标准［EB/OL］.（2017-11-06）［2019-06-8］. http://www.mohurd.gov.cn/ztbd/worldcitiesday/201711/t20171108_233882.html.

年广州市住房和城乡建设委员会组织编制了《广州市城市道路全要素设计手册》(本节简称《手册》)。

9.2.2　体系架构

《手册》以设计工具箱为编制的核心理念框架，详细阐述了如何明确道路功能定位、规划、选择和组合设计要素，共包括六部分内容❶。首先，《手册》介绍了新形势下广州市道路的设计愿景和理念的转变，明确了手册的使用方法和适用范围；其次，《手册》重点提出了城市道路分类、模块设计及要素设计指引，形成了设计要点清单和设计要素检索；最后，《手册》简要地介绍了定期更新机制。

《手册》可应用于城市道路设计、建设实施阶段，面向道路设计、建设与管理部门，也可以供沿线业主、开发商及市民使用。

9.2.3　目标与对策

《手册》以"品质街道、百年精品"为街道设计目标，改变传统的"经济适用、便于维护"的街道设计理念，以"品质街道、百年精品"的新设计理念，打造"标准化、精细化、品质化"的街道空间。以"干净、整洁、平安、有序"为设计价值导向，《手册》整合与提升了现行城市道路及各要素相关技术要求，以期树立广州市道路设计的新方向。此外，《手册》建立了一套完整的街道设计体系，从理念、边界及技术上提出了三个转变：理念上实现从"面向车"到"面向人"的转变，边界上实现从"控红线"到"控空间"的转变，技术上实现从"断层式"到"一体式"的转变❶，为构建宜居、宜行的城市街道空间奠定了基础。

9.2.4　道路要素

根据街道的功能、几何构成和设施类型，《手册》将道路划分为慢行

---

❶ 广州市住房和城乡建设委员会，广州市城市规划勘测设计研究院. 广州市城市道路全要素设计手册 [R]. 2017.

系统、公共设施带/区、交叉路口、道路变截面、多杆合一、过街设施区、公交车通行区、建筑退缩空间、地铁出入口、海绵城市模块等10个设计模块❶，明确了每个模块的定义、设计要点、模块应用场景及注意事项。同时结合精细化、品质化和标准化要求，将街道要素分为慢行系统、机动车道、城市家具、植物绿化、建筑立面和退缩空间6个大类、13个小类、25项重要要素和65项一般要素❶。在借鉴国内外先进经验的基础上，通过梳理、整合现有的标准规范，《手册》以图表的形式对每种要素的设计依据、设计指引和设计要点提出了详尽的设计要求，形成了设计工具箱。

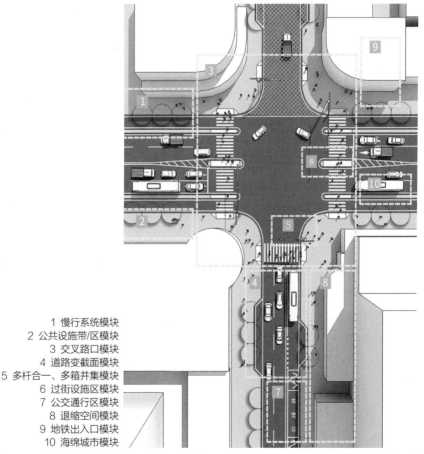

1　慢行系统模块
2　公共设施带/区模块
3　交叉路口模块
4　道路变截面模块
5　多杆合一、多箱并集模块
6　过街设施区模块
7　公交通行区模块
8　退缩空间模块
9　地铁出入口模块
10　海绵城市模块

图9-3　《广州市城市道路全要素设计手册》街道设计模块系统（图片来源：《广州市城市道路全要素设计手册》）

---

❶ 广州市住房和城乡建设委员会，广州市城市规划勘测设计研究院. 广州市城市道路全要素设计手册 [R]. 2017.

广州市城市道路全要素设计手册设计要素　　　　　表9-5

类别	分项	设计要素
慢行系统	空间	人行道宽度、人行道展宽、非机动车道宽度
	路面与结构	人行道铺装与结构、非机动车道铺装、人行道及非机动车道标识、装饰井盖
	附属设施	台阶、梯道及坡道、缘石坡道，慢行导向设施，盲道，车止石，自行车停放架、公共自行车租赁点，升降梯，手扶梯，轮椅升降台、行人与非机动车专用信号灯
	过街设施	过街安全岛、人行横道（抬起式过街设施）、地下通道（过街隧道）、人行天桥、自行车过街带
机动车道	空间	机动车道宽度、路内停车区、小转弯半径、车道功能、机动车道展宽、渐变段、公交专用道、公交站台、出租车载客点、交通渠化岛、调头车道
	路面与结构	机动车道路路面与结构，侧、平石，机动车道标线
	附属设施	交通信号灯、交通监控与检测设备、电子警察、交通标志、隔离栏杆、防撞设施（桶、柱等）
城市家具	公益性设施	道路照明（路灯）、景观照明（景观庭院灯及草坪灯、重要节点广场景观装饰灯等）、护栏、垃圾桶、消防设施、治安监控
	公共服务性设施	公共座椅、报刊亭、流动厕所、洗手台（直饮水）、邮筒、公用电话亭、智能服务设施、环卫工具房、配电与变电设施、弱电设施、路名牌、遮阳（雨）棚、信息公示栏、派出所标识灯箱、治安岗亭
	交通服务设施	公交站牌、公交候车厅（廊）、电子站牌、公交电子地图
	艺术景观设施	小品、雕塑
植物绿化	—	行道树，树池，道路绿化（人行道绿化带、道路两侧绿化带、交通渠化岛绿化），高架桥底、桥身绿化，人行天桥绿化，停车场绿化，护栏挂花，花池，花坛，移动花钵
建筑立面	—	外墙广告、门店招牌、楼宇名称
退缩空间	地面	地面铺装、地面停车
	附属设施	遮阳构筑、信息牌、台阶、围墙、小品

注：作者根据《广州市城市道路全要素设计手册》整理。

9.3　深圳市《罗湖区完整街道设计导则》分析

9.3.1　编制背景

作为深圳市中心城区之一的罗湖区，是深圳经济特区最早开发的城区，也是深圳历史发展的起源地，令深圳得名的集镇"深圳墟"即位于今罗湖区的老街一带。从明清开始到中华人民共和国成立初期，罗湖的东门老街一直就是闻名遐迩的商业墟市，上大街等数条小街巷商铺鳞次栉比，人员熙熙攘攘，热闹非凡。曲折幽深的石板路和岭南特色的骑楼成了罗湖区早期墟市街巷文化的代表❶。

改革开放初期，罗湖城市发展速度较慢，城区面积小，人们出行方式以慢行交通为主，街道两侧商业发展繁荣，街道充满了活力。从20世纪80年代中期开始，罗湖开始了飞速发展，"深圳速度"、全国移民热潮及房地产开发为城市带来了翻天覆地的变化。政府开始对旧城区进行全面改造，由于过度重视地块的高强度开发，而忽略了道路的同步改造提升，使得原有街道难以承受新增的交通需求❷。再加上新建建筑紧贴道路红线，使得原本不宽的道路更加狭窄，道路上人车混杂，行人无处休息停留，老街风貌消失殆尽，为罗湖老城区商业的衰退埋下了伏笔❷。这一时期，由于城市快速扩张，慢行交通出行量急剧下降，机动车保有量逐步增长，慢行空间开始让位于机动车空间。

20世纪90年代中期开始，在相关部门和社会各界人士的呼吁下，罗湖区开始关注旧城改造与文化保护事宜。1999年改造完成的老东门商业步行街区，保留了原有的街巷商业文化和生活气息，成了深圳最有活力的传统商业旺区。进入21世纪以后，随着城市化进程的加快和机动车保有量的增加，罗湖的交通拥堵问题日益严重，此时越来越多的居民开始选择公共交通出行，步行及非机动车交通出行比例有所回升。据统计，2016年罗湖区步行出行比例达到46%，共享单车的密度全市最高❶。然而过去罗湖区的道路建设以解决机动车通行为重点（车行空间占据了道路70%的空间），未规划预留自行车道，且道路上的人行道宽度普遍较窄❶，慢行交通"无路可走"的现象日益突出，影响了城市的品质形象，也成了城市管理的棘手问题。

根据深圳"十三五"规划，深圳将建设成为国际消费中心城市，同时把2017年定位为"城市质量提升年"，以积极塑造人性化、生态化和特色化的公共空间环境为重点目标。作为深圳首个建设的老区，罗湖城市建设已趋于稳定，且城市路网肌理多元丰富，具有较好的街道改造及设计的基底。为提升城市空间品质建设，增强街道活力，营造低碳、安全、有序的慢行出行环

---

❶ 深圳市罗湖区城市管理局，深圳市城市交通规划设计研究中心有限公司. 罗湖区完整街道设计导则[R]. 2017.

❷ 朱荣远. 深圳罗湖旧城改造观念演变的反思[J]. 城市规划，2000，24（07）：44-49.

境，助力罗湖国家消费型改革试验区的建设，2017年深圳市罗湖区城市管理局组织编制了《罗湖区完整街道设计导则》(本节简称《导则》)。该《导则》是广东省和深圳市推出的第一本街道设计导则，开创了深圳街道规划设计的先河❶。

9.3.2　编制流程

《导则》历经一年编制完成，为掌握详实的调查数据，为《导则》编制奠定基础，项目组对罗湖区现有道路进行了认真细致的调研，走访居民、商铺经营者及在校学生数百人次，发放调查问卷3000余份❷。此外，项目组分析和借鉴了纽约、伦敦、阿布扎比和上海发布的导则，并结合罗湖区发展特征，深入研究了街道设计的内涵和要求，最后形成了该《导则》。

9.3.3　体系架构

《导则》体系架构较为全面，涵盖了街道设计的指导思想、先进理念、解决策略及工程做法等多个方面，共包括罗湖街道特征分析、街道设计理念、使用指南、街道要素、街道模板设计、街道案例分析、街道管理与维护及《导则》的评估与更新等多个组成部分❸。《导则》适用对象包含所有与街道使用建设相关的城市管理者、设计师、沿线业主和市民，并适用于街道规划设计的全阶段。

9.3.4　目标与对策

与其他城市编制的导则不同，《导则》以完整街道设计理念为主线，结合罗湖区街道特色与需求，明确了街道设计由"红线控制向全街道空间设计转变""赶路向感受转变"的发展趋势要求，提出了"安全、活力、美好、

---

❶ 刘怡. 广东首个街道设计导则罗湖出炉 [EB/OL]. (2017-11-06) [2019-06-10]. https://www.sohu.com/a/202539764_161795.

❷ 丁鑫. 深圳罗湖出台街道设计导则 [EB/OL]. (2017-11-05) [2019-06-10]. https://www.sohu.com/a/202488108_118392.

❸ 深圳市罗湖区城市管理局，深圳市城市交通规划设计研究中心有限公司. 罗湖区完整街道设计导则 [R]. 2017.

智慧、绿色"五大街道设计目标❶。为营造宜人、活力及高品质的街道空间，《导则》建立了四大发展策略：一是以人为本，规范人、车、商业、休闲等公共行为，共享"完整街道"；二是活力塑造，打造罗湖成为全球范围内独一无二的商业文化区和综合商贸区；三是文化认同，挖掘城市文化内涵，增强居民文化自信；四是品质建设，规范公共空间的建设方式，制定百年标准，倡导永续利用❶。

9.3.5 街道要素

《导则》按照人在街道上的活动需求特征，将街道分解成人行空间、非机动车空间、车行空间、临街建筑、过街设施、地铁出入口、市政设施、街道家具和景观绿化九个组成部分❶，并针对每个街道空间的定义、组成要素、设计指引、优秀案例及具体要素的设计要求等提出了详尽的设计要点。以此为基础，《导则》提出了不同类型街道在不同场景下的模板设计和交叉口的模板设计。

罗湖区完整街道设计导则街道要素　　　　　　　　表9-6

类别	组成要素	设计要素
人行空间	人行道	宽度、材质等
	无障碍设施	缘石坡道、盲道等
	附属设施	路牙石、车止石、侧平石
非机动车空间	非机动车路径	宽度、类型、与公交站关系、过街通道、材料等
	非机动车设施区	位置、锁车桩等
	隔离设施	隔离栏杆、道钉、绿化带等
车行空间	车行道	宽度、公交站点、材料等
	路边停车	形式尺寸等
	中间隔离设施	交通标志标线、绿化隔离带、交通隔离栏等

---

❶ 深圳市罗湖区城市管理局，深圳市城市交通规划设计研究中心有限公司. 罗湖区完整街道设计导则 [R]. 2017.

续表

类别	组成要素	设计要素
临街建筑	建筑体量	高宽比
	临街界面	遮蔽设施、户外广告、景观广场、口袋景观、商业外摆等
	整体风貌	—
	街道形态	—
过街设施	过街设施	人行横道、安全岛、信号灯等
	街道转角	半径
地铁出入口	无障碍设施	盲道、无障碍扶手、无障碍坡道
	标志标牌	导向系统、信息牌
	服务设施	自行车停车区、风雨连廊、售卖机、休憩座椅、垃圾桶、出租车换乘点
	广场	集散广场、活动广场
	景观植物	可移动绿化、固定绿化、立体绿化
	其他设施	艺术小品、街道摆设
市政设施	井盖	—
	市政照明	—
	信号灯	—
	设备	变电箱、配电箱等
	公交站	停靠方式、站台形式等
	公共标识系统	—
	栏杆	—
	风雨连廊	—
	智慧街道设施	智慧信控系统、有序停靠系统、主动警示系统等
街道家具	街道座椅	位置、尺寸、密度
	垃圾箱	位置、分类、材料
	树篦子	—
	广告牌	—
	艺术陈设	—
	商业外摆	—
	报刊亭	—

续表

类别	组成要素	设计要素
	转角绿地	植物选择
景观绿化	分隔绿化带	植物选择
	人行道绿化	植物选择
	街旁绿化	植物选择

注：根据《罗湖区完整街道设计导则》整理。

9.3.6　实施机制

《导则》并未涵盖具体的实施机制，只在导则最后的章节阐述了街道的维护与管理的要求。但与其他城市导则不同的是，《导则》提出了以两年为周期的评估与更新流程。

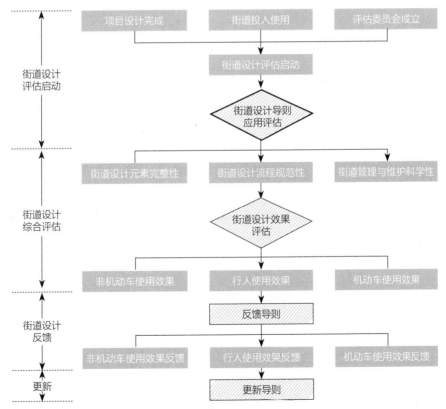

图9-4　《罗湖区完整街道设计导则》街道设计评估与导则更新流程（图片来源：《罗湖区完整街道设计导则》）

9.4 《北京市街道更新治理城市设计导则》分析

9.4.1 编制背景

　　北京作为一座拥有800年首都历史的城市，在经历多个朝代的更迭与发展后，城市格局逐步形成。与其他城市不同的是，北京街道的发展历程除了与城市规划及发展息息相关外，还深受国家社会经济的变迁与政治环境因素的影响。元朝都城的建设奠定了老城区道路方格网布局形式，同时极具特色的胡同街巷体系也逐步确立。南北走向、相对较宽的为街，以交通联系功能为主，过去以走马车为主，所以也叫马路；胡同一般为东西走向，两边布设四合院，相对较窄，是居民通行和邻里交往的主要空间载体。浓郁的邻里文化与有趣的奇闻旧事，使胡同成了北京最具特色的一张名片。

　　中华人民共和国成立初期，按照国家实施工业化战略部署，北京的发展目标是建设成为一个大工业城市[1]，道路网规划采用"棋盘+环状+放射型"的布局形式，以支撑城市分散组团式布局[2]。在老城区棋盘式路网的基础上新增城市干道，并通过拆除城墙设置环线，放大了原有街道系统空间布局尺寸，"大街区、宽马路"的城市格局开始形成。城市各个地区间的交通联系得到加强，但也打破了传统胡同街巷的出行模式。这一时期，城市建设口号是"先生产、后生活"，城市基础设施严重滞后，城市缺乏活力[1]。

　　改革开放后，随着社会主义经济体制的确立，城市不断向外扩张，机动车保有量迅速增长，北京开始引入城市快速路，并以承办奥运会和亚运会为契机，加大了城市道路网的建设力度，城市路网体系"棋盘+环状+放射型"的布局基本形成[2]。此时道路网建设的重点是快速通达和快速疏散，城市空间格局开始向"两轴、两带、多中心"进行转变[1]。随着城市空间格局的确立，原有地区的功能逐步多元化，旧城特色街道又有了新的特点。北京开始重视自行车道和人行道的建设，2005年北京市城区居民出行方式中步行和自行车比例分别达到31.7%和26.5%[2]。然而受大院和大型封闭居住区的影响，北京市的路网密度比较低，慢行通行空间不断受到机动车的挤压和占据。据北京市统计局、国家统计局北京调查总队公布的

---

[1] 李东泉，韩光辉. 1949年以来北京城市规划与城市发展的关系探析——以1949—2004年间的北京城市总体规划为例 [J]. 北京社会科学，2013，(05)：144-151.

[2] 张晓东，龚嫣. 北京城市道路交通规划与建设60年 [J]. 北京规划建设，2009，(05)：37-41.

调查结果显示，北京市民选择自行车出行的比例从1986年的62.7%下降到2014年的17.8%[1]。

　　为了应对新的挑战，打造高品质的慢行出行环境，北京市相关部门发布了一系列的地方标准规范，以探索寻求解决之道。2014年北京市规划委员会与北京市质量技术监督局发布了《城市道路空间规划设计规范》地方标准，2016年北京市城乡规划标准化办公室发布了《城市公共空间设计建设指导性图集》，2017年北京市城市管理委员会与北京市规划与国土资源管理委员会联合发布了《核心区背街小巷环境整治提升设计管理导则》，2018年北京市规划与国土资源管理委员会、市交通委员会、市城市管理委员会、市住房和城乡建设委员会、市园林绿化局联合发布了《北京市步行和自行车交通环境设计建设指导性图集》。

　　为落实党和国家对首都发展的新要求，落实并深化上位规划对街道空间的规划理念、精细治理提出的明确要求，2018年北京市规划与国土资源管理委员会在整合、优化上述相关标准的基础上，发布了《北京街道更新治理城市设计导则》（本节简称《导则》），形成了指导城市街道治理的技术性文件[2]。

9.4.2　编制流程

　　作为《北京城市总体规划（2016年—2035年）》[3]（本节简称《总规》）在优化城市公共空间方面的深化研究，《导则》在充分领会《总规》、相关规范标准要求的基础上，在调研北京街道的特征、问题的基础上，形成了《导则》编制的完整内容。《导则》在编制过程中也采用了广泛的公众参与机制，通过网络媒体发布了《北京街道行走体验调

图9-5　《北京街道行走体验调查》公众眼中的街道问题（图片来源：《北京街道更新治理城市设计导则》）

❶ 申少铁. 2017年北京市将完成600公里自行车道和步道慢行系统治理［EB/OL］.（2017-06-21）［2019-05-08］. https://www.sohu.com/a/125926302_161623.

❷ 北京市规划和国土资源管理委员会，北京市城市规划设计研究院. 北京街道更新治理城市设计导则［R］. 2018.

❸ 北京市人民政府. 北京城市总体规划（2016年—2035年）［R］. 2016.

查》，收集了2000余份居民对北京街道问题和出行需求的反馈❶；同时借助于大数据等先进手段，分析识别了北京中心城区街道存在的问题，给《导则》的编制提供了有力的抓手。

9.4.3　体系架构

《导则》由四个部分组成，价值与转变、总体规划要求、核心设计要点、机制保障与专项治理❶。其中价值与转变章节主要是介绍北京作为大国首都、千年古都和国际化城市，其城市街道应该体现的特征与内涵及新时代的转变；总体规划与要求章节明确了北京街道的结构分区、功能分区及分类；核心设计要点内容重点是明确了街道设计中的设计要素、协同共治与精细化设计要点；最后《导则》明确了街道更新治理机制及专项治理要求。

此外，《导则》在开篇也明确了使用范围、使用对象。《导则》适用于指导全市城市道路、胡同、街坊路等的规划设计和建设管控，主要应用于生活服务类街道、综合服务类街道、静稳通过类街道和特色类街道。同时，《导则》的使用对象也甚为广泛，包括管理部门及基层政府的管理人员，街道沿线单位、开发主体和市民公众，以及城市规划师、城市设计师、建筑师、交通规划师、道路工程师、景观设计师等相关技术人员❶。

9.4.4　目标与对策

为建设具有"首都风范、古都风韵、时代风貌"的高品质城市公共环境，落实总规提出的"塑造高品质、人性化的公共空间""重塑街道空间环境"及"强化公共空间从规划设计、审批施工到管理维护的全过程管控"等相关要求，《导则》提出了四个转变："从以车优先转变为以人优先，从道路红线管控转变为街道空间整体管控，从政府单一管理转变为协同共治，从部门多头管理转变为平台统筹管控"❶。《导则》对接北京建设国际一流的和谐宜居之都的发展目标，分析了大型居住区、商业商务区、交通集散区、产业集聚区、国际交往区、政务保障区等功能分区的特点，分门别类提出了街道的设计策略。

❶ 北京市规划和国土资源管理委员会, 北京市城市规划设计研究院. 北京街道更新治理城市设计导则［R］. 2018.

9.4.5　街道要素

与其他城市不同,《导则》从行人、骑行者、公共交通乘客、载客机动车使用者、街道运营者等各类使用者的角度梳理了街道的设计要素,并基于慢行交通优先的理念,以提升街道公共空间品质和景观效果为导向,阐述了各类空间和功能的协同设计要点,并从"安全优先、文化展示、绿色开放、智慧高效"四个方面提出了街道精细化设计要点❶。

北京市街道设计要素汇总一览表　　　　　　表9-7

目标	子目标	设计要素
行人活动空间	空间要素	人行道、交叉口、过街设施、安全岛
	设施要素	切坡、盲道、标识标牌、交通信号、照明、座椅、直饮水、遮阳避雨棚、路缘石、垃圾箱、建筑底层界面、绿化景观
骑行者活动空间	空间要素	非机动车道、隔离带、非机动车优先等候区、街角分流岛
	设施要素	非机动车信号灯、标识标牌、非机动车停车区、非机动车立体过街设施、非机动车停车架、非机动车停车场
公共交通乘客活动空间	空间要素	公交车专用道、公交车站
	设施要素	公交车站等候区、登车区、地图站牌、到站时刻牌、公交信号、自行车接驳设施
载客机动车使用者活动空间	空间要素	机动车道、街边停车带
	设施要素	信号灯、标识标牌、地面标识、护桩、机动车减速设施、停车线、照明设施、停车收费器、路缘石切角、监控摄像头
运营服务者活动空间	空间要素	专用的售卖空间、贮存空间、专用停车位
	设施要素	咖啡座、水源、垃圾回收、照明、标识标牌、特殊铺装、减速带

注: 根据《北京街道更新治理城市设计导则》整理。

---

❶ 北京市规划和国土资源管理委员会, 北京市城市规划设计研究院. 北京街道更新治理城市设计导则 [R]. 2018.

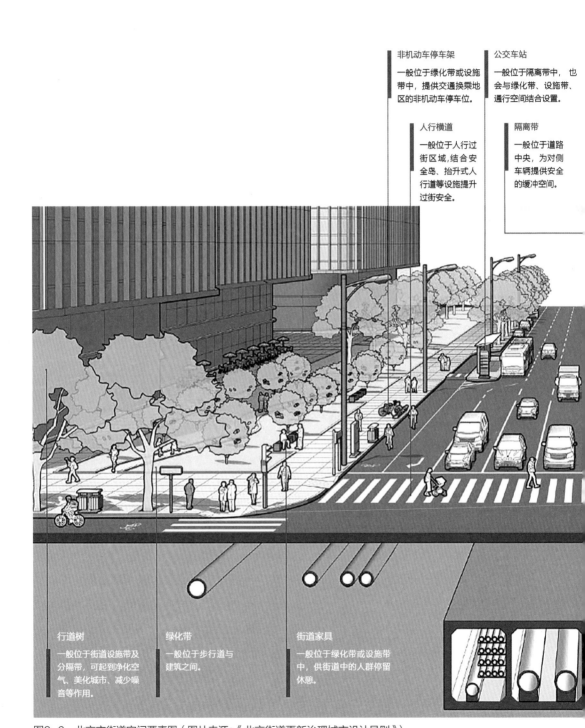

非机动车停车架

一般位于绿化带或设施带中，提供交通换乘地区的非机动车停车位。

公交车站

一般位于隔离带中，也会与绿化带、设施带、通行空间结合设置。

人行横道

一般位于人行过街区域，结合安全岛、抬升式人行道等设施提升过街安全。

隔离带

一般位于道路中央，为对侧车辆提供安全的缓冲空间。

行道树

一般位于街道设施带及分隔带，可起到净化空气、美化城市、减少噪音等作用。

绿化带

一般位于步行道与建筑之间。

街道家具

一般位于绿化带或设施带中，供街道中的人群停留休憩。

图9-6　北京市街道空间要素图（图片来源：《北京街道更新治理城市设计导则》）

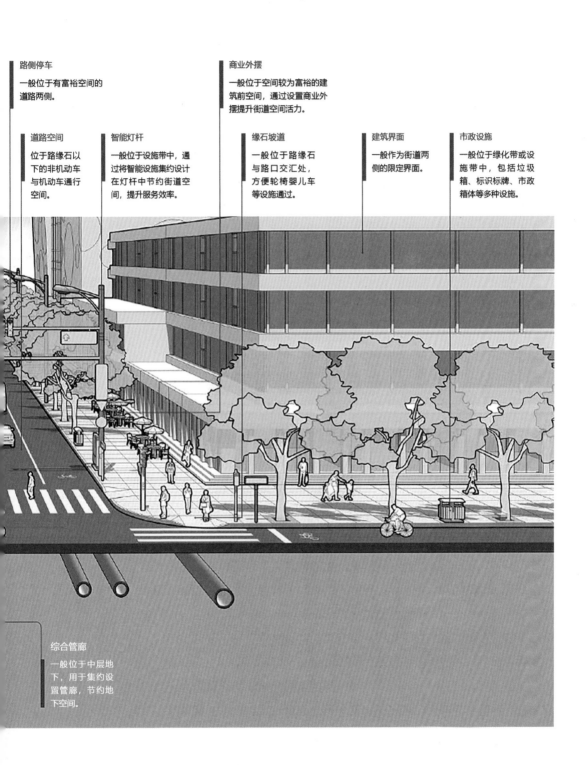

路侧停车
一般位于有富裕空间的道路两侧。

商业外摆
一般位于空间较为富裕的建筑前空间，通过设置商业外摆提升街道空间活力。

道路空间
位于路缘石以下的非机动车与机动车通行空间。

智能灯杆
一般位于设施带中，通过将智能设施集约设计在灯杆中节约街道空间，提升服务效率。

缘石坡道
一般位于路缘石与路口交汇处，方便轮椅婴儿车等设施通过。

建筑界面
一般作为街道两侧的限定界面。

市政设施
一般位于绿化带或设施带中，包括垃圾箱、标识标牌、市政箱体等多种设施。

综合管廊
一般位于中层地下，用于集约设置管廊，节约地下空间。

9.4.6　实施机制

　　街道空间的规划、设计、实施与管理涉及诸多群体及不同专业,《导则》对街道空间治理机制提出了新的要求。首先,《导则》强调各级街道空间治理要加强市区联动,创新街道的综合治理体系,打破过去各部门条块分割、各自为政的体制机制并组建公共空间投资与建设管理专业公司;其次,政府要建立规、建、管全流程管控机制,并针对街道各要素提出了相应的权责部门;最后提出要设立专项基金和项目库,搭建街道空间专项管理与使用维护平台,组建专业的设计团队,并健全公众参与的长效机制。与其他城市导则不同的是,《导则》针对现状北京街道存在的问题,创造性地提出了10个具体的专项治理要求,为街道的治理与实施奠定了较好的基础❶。

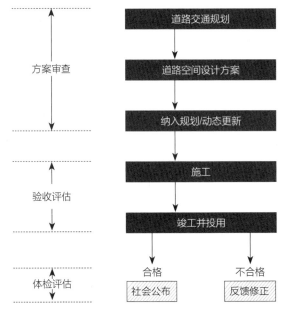

图9-7　北京街道"规—建—管"全流程管控机制示意图（图片来源:根据《北京街道更新治理城市设计导则》绘制）

---

❶ 北京市规划和国土资源管理委员会, 北京市城市规划设计研究院. 北京街道更新治理城市设计导则
　　[R]. 2018.

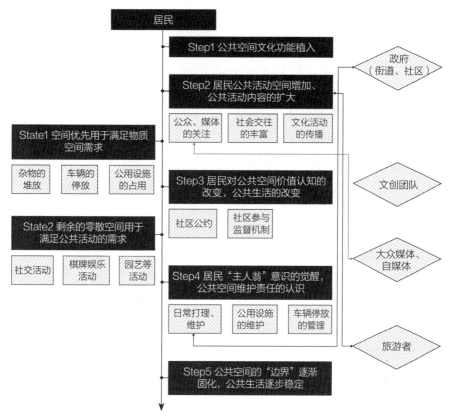

图9-8　街道空间共管共治共享运行模式分析（图片来源：根据《北京街道更新治理城市设计导则》绘制）

9.5 《武汉市街道设计导则》分析

9.5.1 编制背景

武汉因水而生，因水而兴。开埠前的汉口，因水运之便成为全国闻名的货物集散地，其街道受限于河网水系而呈现出不整齐、不规则的布局[1]。1861年汉口开埠后，受租界规划的影响，租界内的道路表现为规矩的方格网形式[2]。此时，临江的主干道基本贯通，联系码头与各个租界，成了汉口商业贸易往来的重要载体。1907年建成的第一条马路——后城马路（今中山大道），

---

[1] 罗威廉. 19世纪汉口的城市功能和市容印象［EB/OL］. 江溶，鲁西奇译.（2017-06-21）［2019-05-08］. https://www.thepaper.cn/newsDetail_forward_1706900.

[2] 吴之凌等. 武汉百年规划图记［M］. 北京：中国建筑工业出版社，2009.

马车、黄包车、行人和谐共处、互不干扰，成了汉口最繁华的地标。

　　自民国时期起，受西方现代化规划理论和思想的影响，武汉的街道开始注重公共空间的塑造。1936年建成的汉口沿江大道考虑了人行和居民休闲游乐的需求，形成依托长江、汉江的滨水休闲空间。这一时期，武汉效仿上海里弄，兴建了一批里份住宅，形成了"门门相对、宽窄相间"的巷道空间形态❶。人们的生活因街道而生，多元化的街道主体、多样性的街道活动，为街道注入了最原始的活力，街道因此而充满生机，这是典型的街巷时代。

　　1949年10月后，为落实国家"156项工程"中重大工业项目落户武汉的发展战略，武汉的城市空间迎来了跳跃式拓展，随之掀起了在大型工业基地周边配建大规模配套生活区的建设热潮❷。著名的青山区"红房子"片区采用了"苏联模式"，街道为棋盘式布局，工人们比邻而居，街道活力非凡。改革开放后，武汉制定了"两通（交通和流通）起飞"的城市发展战略，城市进入了快速发展和大建设时期，道路建设成就比较高，主城区快速路系统逐步形成，机动化水平增长迅速。2008年开始，武汉的城市建设重点聚焦到"大交通"与"大城建"上来，补齐了城市基础设施的短板❷，但以机动车为导向的工程化设计与建设导致普通街道空间同质化趋势严重，地域文化与片区特色缺失，街道空间逐渐失去了最原始的活力和生气。

　　从20世纪末开始，武汉一直在城市品质提升方面不断探索。1999年，在"创建山水园林城市"的目标指导下，武汉市开展了70余项街景整治和公园开放规划，如中山大道环境改造、江汉路步行商业街改造等。近几年，随着"国家中心城市""设计之都"等诸多头衔的叠加，武汉作为世界新兴城市，也陆续开展了诸多具有影响力的城市街道品质提升工作，如中山大道的华丽转变、黎黄陂路的共享改造、东湖绿道的建设等。2019年，武汉市举办了"第七届世界军人运动会"（以下简称军运会），按照"办好一次会，搞活一座城"的思路❸，着力推动城市环境脱胎换骨、华丽蝶变，全面改善城市功能品质和形象❹，为武汉市城市街道品质提升提供了良好的契机。

❶ 周华彬. 武汉里份的演变与价值再生解析 [D]. 武汉：华中科技大学，2006.
❷ 陈韦等. 武汉百年规划图记 [M]. 北京：中国建筑工业出版社，2019.
❸ 成熔兴. 湖北权利推进军运会各项筹备工作 [EB/OL]. （2019-03-08）[2019-05-08]. http://hbrb.cnhubei.com/html/hbrb/20190308/hbrb3321387.html.
❹ 陶常宁. 以筹办军运会为契机大力整治提升市容环境 [EB/OL]. （2018-06-26）[2019-05-08]. http://cjrb.cjn.cn/html/2018-06/23/content_80650.html.

作为住建部批准的全国城市设计试点城市之一，武汉的街道设计是城市设计重要的管控对象。为建设体现武汉城市特色并建设与国家中心城市和全球城市相匹配的"安全共享、舒适有序、生态特色"的高品质公共空间，明确武汉市不同类型街道各要素的设计要求，推动街道的精细化设计，促进武汉市街道人性化的转变，武汉市自然资源和规划局组织编制了《武汉市街道设计导则》❶（本节简称《导则》）。

9.5.2　编制流程

2017年，武汉市自然资源和规划局开始组织编制《武汉市街道设计导则》，2019年正式对外发布实施。《导则》编制中采用了广泛的公众参与及特邀专家咨询机制。首先项目编制中积极宣传街道设计的重要性，利用"众规武汉""规划实验室WPDC"等微信公众平台开辟了专栏，发布了街道体验的公众问卷调查和介绍街道相关的文章，通过舆论引导建立社会对街道的共识；其次，借鉴其他城市优秀的做法，举办了"2019感知武汉：大学生城市街道设计大赛"和"城市现场沙龙：街道空间在武汉"，邀请了城市规划、建筑及相关领域专家、高校学生、关心城市问题的市民等近百人参加活动，分享街道体验，探讨规划与设计实践，使得《导则》编制在业内取得了较高的关注度。

《导则》成果形成中采用了分类转化的思想，按照使用对象转化成了不同的成果，最后形成了2个调研报告（街道现状调查和武汉优秀街道调查）、3个研究专题（街道建设与街道导则案例专题研究、街道断面研究、街道管控研究）、1个设计导则和1个指导意见，极大地丰富了街道的研究成果，也增强了《导则》的可实施性。

9.5.3　体系架构

《导则》的编制旨在指导街道设计人员及管理者开展人性化街道的设计工作，由街道的分区分类、要素设计、典型街道设计示范和街道设计管理四部分组成❶。其中街道的分区分类重点是在主城区范围内划分慢行街区和特

---

❶ 武汉市自然资源和规划局，武汉市规划设计有限公司. 武汉市街道设计导则［R］. 2019.

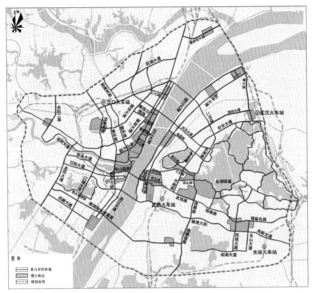

图9-9 武汉市主城区重点管控街道分布图（图片来源：《武汉市街道设计导则》）

色街道，明确街道分类；街道要素设计对街道U形空间的全要素按照不同空间类型进行逐一详细指引，提出刚性及弹性的设计要点；典型街道设计示范对不同类型的街道提出分类指引策略，并通过典型案例指导各类街道的改造实施；街道设计管理主要是提出街道设计各阶段的设计主体、管理模式、审查管理要点，利于街道设计的实施落实。导则适用于武汉市主城区内新建街道的规划设计和既有城市街道的整理更新，新城区可参照执行。

9.5.4　目标与对策

为践行武汉市高品质空间建设要求，推动街道精细化设计实践，将城市街道建设成为"安全共享、舒适有序、生态特色"的高品质公共空间，《导则》结合新理念下街道设计新要求，立足武汉，统筹协调街道设计所涉及的各专业及相关标准、规范，衔接武汉市街道各审批流程，从理念、对象和内容方面提出了三个转变：理念上从"车本位"向"以人为本"转变，对象上从"红线内设计"向"全空间设计"转变，内容上从"传统道路修规内容"向"全要素精细化设计"转变❶。

---

❶ 武汉市自然资源和规划局，武汉市规划设计有限公司. 武汉市街道设计导则［R］. 2019.

9.5.5 街道要素

《导则》将武汉市城市街道空间要素分成车行空间、慢行空间、活动空间、绿化空间、街道设施五大类，包含32个设计要素❶，对每个设计要素的设置条件、设计原则、具体指标、设置形式、布局示意等提出了详尽的刚性与弹性设计要求；并针对每种街道类型的街道活动特征，提出了设计策略要点、设计要素、横断面布局及平面布局等设计指引。

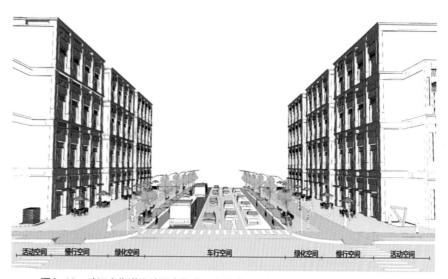

图9-10 武汉市街道设计要素构成示意图（图片来源：《武汉市街道设计导则》）

	武汉市街道设计导则要素分析	表9-8
大类	**设计要素**
车行空间（8）	机动车道、车行分隔带、路内机动车停车、机动车出入口、公交专用道、高架道路、地下道路、道路交叉口
慢行空间（7）	非机动车道、非机动车停放区、人行道、过街设施、公交车站、地铁车站出入口、无障碍设施
活动空间（6）	建筑前区、街道微型公共空间、公共艺术小品、建筑界面、围栏围墙、广告牌匾
绿化空间（4）	绿化分隔带、行道树设施带、景观绿化带、立体绿化
街道设施（7）	交通设施、照明设施、市政设施、市政管线、检查井盖、服务设施、环卫设施

注：根据《武汉市街道设计导则》整理。

❶ 武汉市自然资源和规划局，武汉市规划设计有限公司. 武汉市街道设计导则［R］. 2019.

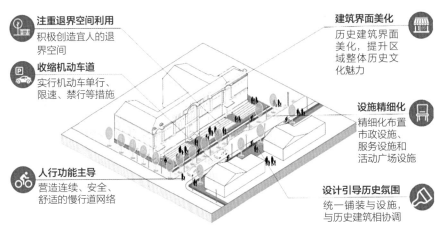

图9-11　历史风貌街道设计要素示意图（图片来源:《武汉市街道设计导则》）

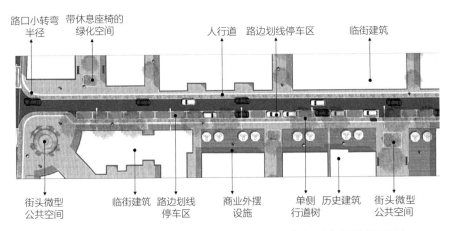

图9-12　历史风貌街道设计平面示意图（图片来源:《武汉市街道设计导则》）

9.5.6　实施机制

武汉市街道设计清单		表9-9
类别	街道城市设计	街道修规设计
一、道路分级与红线宽度规划	√	√
二、道路平面用地规划	√	√
三、街道分类规划	√	√
四、街道U形断面规划	√	√
五、街道竖向与排水规划	×	√

续表

类别		街道城市设计	街道修规设计
六、车行空间设计	设计要素		
	（1）机动车道	○	√
	（2）车行分隔带	○	√
	（3）路内机动车停车	×	○
	（4）机动车出入口	√	√
	（5）公交专用道	×	○
	（6）高架道路	○	√
	（7）地下道路	○	√
	（8）道路交叉口 　　交叉口用地 　　交叉口渠化设计	 √ ×	 √ √
七、慢行空间设计	设计要素		
	（1）非机动车道	○	√
	（2）非机动车停放区	○	√
	（3）人行道	√	√
	（4）过街设施	○	√
	（5）公交车站	○	√
	（6）地铁车站出入口	√	√
	（7）无障碍设施	○	√
八、活动空间设计	设计要素		
	（1）建筑前区	√	√
	（2）街道微型公共空间	√	√
	（3）公共艺术小品	○	○
	（4）建筑界面	√	×
	（5）围栏围墙	√	×
	（6）广告牌匾	○	×

续表

类别		街道城市设计	街道修规设计
九、绿化空间设计	设计要素		
	（1）绿化分隔带	○	√
	（2）行道树设施带	√	√
	（3）景观绿化带	√	√
	（4）立体绿化	○	√
十、街道设施设计	设计要素		
	（1）交通设施	×	○
	（2）照明设施	○	○
	（3）市政设施	○	○
	（4）市政管线	×	○
	（5）检查井盖	×	△
	（6）服务设施	○	○
	（7）环卫设施	×	△

备注：√为必选项，×为非选项，○为可选项，△为提原则意见
注：根据《武汉市街道设计导则》整理。

　　街道的规划、设计和建设是一项从理念到实践的系统性工作，然而目前武汉市中心城区对街道的管控以道路红线作为权责划分依据，街道方案的确定通过编制和审批《道路和排水修建规划》进行法定化，更多地侧重于道路的通行和下方市政管线的设置。针对此情况，《导则》从设计与管理两个方面明确了实施机制。其中街道设计方面，从城市设计与修规设计两个层面提出了设计清单；街道管理方面，从对规划的审批、协同管理、公众参与及弹性实施等方面也提出了相关建议。《导则》发布后，武汉市自然资源和规划局、市发改委、市城建局及市公安交管局四部门联合出台了《关于加强武汉市街道全要素规划设计建设的通知》，要求各区分局、各规划设计、建设和施工图审查单位进行落实，对导则在具体规划与设计中的实施起到了很好的推动作用。

9.6 小结

国内主要城市街道设计导则编制情况汇总 表9-10

城市	上海	广州	深圳	北京	武汉
名称	《上海市街道设计导则》	《广州市城市道路全要素设计手册》	《罗湖区完整街道设计导则》	《北京街道更新治理城市设计导则》	《武汉市街道设计导则》
时间	2016年	2017年	2017年	2018年	2019年
编制主体	上海市规划和自然资源局、上海市交通委员会	广州市住房和城乡建设委员会	罗湖区城市管理局	北京市规划与国土资源管理委员会	武汉市自然资源和规划局
参与机构	上海市城市规划设计研究院、扬·盖尔建筑师事务所、恒宇可持续交通研究中心、上海市城市建设设计研究总院	广州市城市规划勘测设计研究院	深圳市城市交通规划设计研究中心有限公司	北京市城市规划设计研究院	武汉市规划设计有限公司
主要问题	街道同质化现象严重、空间品质较差、慢行交通通行不畅等城市病问题突出，同时与党中央提出的"建设和谐宜居、富有活力的现代化城市"要求存在差距				
主要对策	从主要重视机动车通行向全面关注人的交流和生活方式转变，从道路红线管控向街道空间管控转变，从工程性设计向整体空间环境设计转变，从强调交通效能向促进街道与街区融合发展转变	从面向车到面向人的转变，从控红线到控空间的转变，从断层式到一体式的转变	由红线控制转向全街道空间设计，由赶路转向感受	从以车优先转变为以人优先，从道路红线管控转变为街道空间整体管控，从政府单一管理转变为协同共治，从部门多头管理转变为平台统筹管控	从车本位向以人为本转变，从红线内设计向全空间设计转变，从传统道路修规内容向全要素精细化设计转变
目标	安全、绿色、活力、智慧	干净、整洁、平安、有序	安全、活力、美好、智慧、绿色	安全优先、有序可靠，文化提质、魅力展示，绿色开放、和谐共存，智慧服务、高效便利	安全共享、舒适有序、生态特色
街道要素	依据街道空间内与人的活动相关的要素分为四大类、18个主要素	依据街道空间构成划分为六大类、80个要素	依据街道空间构成划分为九大类、69个要素	从各类使用者的角度将街道要素划分为五大空间、56个要素	依据街道空间要素划分为五大类、32个要素
实施策略	加强规划管控，并发布了《上海市街道设计标准》	无相关内容	未涵盖具体的实施机制，提出了街道导则评估与更新流程	搭建街道空间专项管理与使用维护平台，明确了具体的专项治理要求	建立规划设计平台和街道要素清单，部门协同管理

综合国内主要城市街道设计导则编制情况，可以发现以下特点。

（1）总体一致的编制目的

在过去几十年，中国经历了快速城镇化和机动化的发展历程，各大城市道路网的建设重点是满足机动车快速通达和疏散的要求，但是以机动车为导向的工程化设计与建设导致街道空间同质化趋势严重、街道活力丧失。随着我国城市从粗放型向集约型方向发展、城市从增量规划向存量规划转型，国家相继出台了一系列的城市品质提升的相关政策性文件，推动了城市对街道活力和品质提升的关注。国内上海、广州、深圳、北京、武汉等城市陆续开展了城市街道品质提升示范工程，并开展了《街道设计导则》的编制，以打造高品质的街道空间环境。

（2）大同小异的体系架构

纵观目前已编制完成的国内街道设计导则，"以人为本"是所有导则编制的基本出发点，实现从道路红线管控向街道空间管控的转变是所有导则提出的基本要求，公众意见的收集、整理与吸收贯穿整个导则的编制过程。导则的体系架构一般由功能定位、分类、要素、设计指引及实施保障组成，其中街道功能定位是基础，街道分类是前提，要素指引是核心，不同类型街道的模板设计是特色，搭建统一的规划、设计、建设及管理平台是基本保障。根据不同城市的街道特点和城市发展诉求，导则架构中各部分的篇幅和侧重点略有不同，但总体而言大同小异。

（3）标准划分不一的街道要素

目前国内导则相互间有较大差异的即为街道设计要素的分类，总体上共有基于街道空间构成和基于使用者活动种类两种划分标准。如《北京街道更新治理城市设计导则》从行人、骑行者、公共交通乘客、载客机动车使用者、街道运营者五类使用者的角度，将街道设计要素划分为56个要素；而以《武汉市街道设计导则》为代表的导则从街道空间构成的角度，将街道划分为建筑后退空间、行人空间、非机动车道空间、机动车道空间、绿化空间和设施带空间等六大主要组成部分，每一类空间又划分为若干要素，只是每个城市在具体要素的选择上有所不同。

街道要素是街道设计及品质测度的重要指标，目前国内尚处于街道研究的起步和探索阶段，尚未有统一的划分标准。有的导则编制中遵守了大而全的理念，街道要素过于全面，在实际的规划设计与建设实施中难以落实；有的导则在要素选择中往往侧重于某个方面，在实际的街道改造评估中又不够全面。每条街道都各具特色，不同使用者对街道的诉求也不尽相同，如何结合每个城市的街道特色及使用者的活动需求，合理地划分并明确街道要素是每个城市导则编制中应该进行重点研究的内容。

（4）各有侧重的实施机制

从道路红线管控到街道空间的一体化管控，街道的规划、设计与实施涉及规划、交管、水务、园林、城管及沿线的开发业主等众多部门，也是一项包含规划、道路、景观、排水、建筑、艺术、照明、经济等多专业的工程。为确保街道设计内容的顺利实施，很多导则均提出了建立规划设计管控平台，并搭建多部门统筹协调机制。虽然不同城市的导则在实施保障机制的阐述中各有侧重，但因涉及的部门众多，若无强有力的牵头部门或者明确的实施机制，街道设计理念的落地将会在现实中面临着巨大的困难。

综上所述，国内街道导则编制的目的是为实现从"道路"向"街道"设计理念的转变、从"传统道路红线"向"建筑退界空间"管控方式的转变。与国内街道改造注重物质空间提升相似，国内街道导则在街道设计中更多扮演着技术标准的角色，内容章节上大同小异，以街道分类、要素设计及模板设计为重点阐述内容。不同于欧美国家的街道导则，国内街道导则弱化了街道场所的营造和协调机制的实施，因此在现实中可操作性不强。随着我国街道品质提升工作的推进，如何结合城市的街道特色、规划设计及管理机制编制相应的街道设计标准与规范，值得每个城市的管理者、规划师、设计师及街道使用者深入地思考。

第 10 章

街道品质提升实践——以武汉市为例

街道在不同的历史时期担负着不同的功能使命，承载着不同的活动需求，武汉因其独特的空间与时代发展历程，其街道伴随着武汉城市规划的演变，经历了小街巷时代—大马路时代—道路快速发展时代—街道重塑时代的百年发展历程，成了具有代表性的中国街道发展与建设的样本。

本章以武汉市规划设计有限公司设计的街道为案例，提出了生活服务型街道、商业型街道和景观型街道三种类型的街道品质提升思路，以期为其他城市或者地区街道的改造提供借鉴。

10.1 生活服务街道——陈怀民路街道品质提升

陈怀民路属于江岸区四维街道管辖范围，位于武汉市原日租界的范围，亦位于六片传统特色街区之一的六合路片区。由于地处老旧社区，道路两侧分布着经营几十年的沈阳路菜场、陈怀民生鲜市场、集贸市场、早点摊位及居民社区，是武汉买菜、过早市井生活的典型代表，街道活力十足。但由于道路两侧门面24小时不间断的生产、加工和经营，街道空间被侵占的现象十分突出，陈怀民路也成了"脏、乱、差、臭"的代名词。为落实江岸区委在第十二次党代

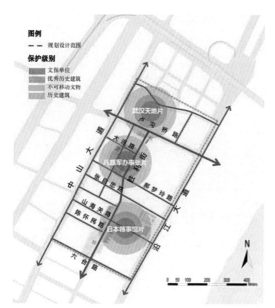

图10-1 陈怀民路区位图（图片来源:《原汉口租界区保护更新规划》❶）

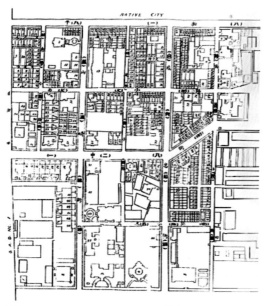

图10-2 1938年汉口日租界全图❷（左侧纵向第一条路即为陈怀民路）

会上提出的"创新活力片区，幸福美丽江岸"的奋斗目标，系统推进"美丽街区，幸福片区"建设，江岸区四维街道结合合武汉军运会举办契机，决定对陈怀民路进行改造（方案编制时间为2018年3～8月，目前尚未实施。）。

10.1.1 街道现状分析

本次规划改造的陈怀民路西起中山大道，东止胜利街，道路全长约200米，街道两侧建筑之间的距离为12~20米。规划从街道定义的四个方面分析陈怀民路的街道现状。

（1）产权与规划制度

陈怀民路已有上百年的历史，形成于民国初年，原名为南小路，位于日租界与德租界交界处❷。抗日战争爆发后，1938年汉口市政府决定正式收回汉口日租界，并改为汉口第四特别区，将日租界内13条道路的名称运用抗日色彩进行重新命名，其中为纪念抗战中牺牲的将领，南小路改为郝梦龄路。❸但因同年日军攻陷武汉，日租界恢复，道路命名未能成功，又恢复成南小路。抗战胜利后，为纪念在武汉"四·二九"空战中牺牲的陈怀民烈士，南小路更名为陈怀民路，因各种原因，1967年与1972年曾分别更名为红胜路、营口路❷，但于1985年改为陈怀民路后，沿用至今。

改革开放以后，随着城镇化速度的加快，陈怀民路周边已高楼林立，街道虽然依

---

❶ 武汉市规划研究院. 原汉口租界区保护更新规划［R］. 2013.

❷《汉口租界志》编纂委员会. 汉口租界志［M］. 武汉: 武汉出版社，2003: 357.

❸ 牛渭涛. 汉口日租界收回始末［EB/OL］.（2017-07-07）［2019-05-08］.https://www.sohu.com/a/155154114_556544.

然延续了原有的日租界肌理,除道路的终点胜利街道口分布着中国人民解放军武汉后方基地、日租界军官宿舍外,街道两侧的用地肌理已然发生了变化,原有日租界的历史痕迹已经消失。目前街道两侧现状以住宅用地为主,一层底商主要为菜市场及卖菜的小门店,但街道两侧地块的产权略有

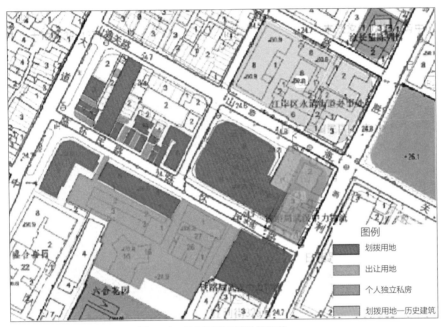

图10-3 陈怀民路两侧地籍现状

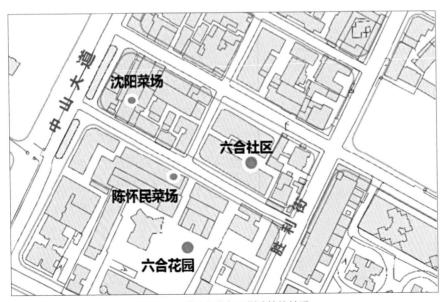

图10-4 道路红线与两侧建筑的关系

差异，其中道路的南侧以2000年后建设的大地块住宅用地为主，除了路段中间的六合花园为出让用地以外，其余的均为划拨用地。道路的北侧用地性质虽然全部为划拨用地，但权属比较复杂，西北角聚集着1950年代的私房，除沈阳路菜市场为批发零售用地以外，其余小地块均为个人拥有的私房，在长春街路口分布有武汉禽蛋厂的房改房和六合社区的2栋8层楼，东侧的胜利街路口分布有武汉优秀历史建筑中国人民解放军武汉后方基地。

　　道路南侧的建筑均位于道路红线外侧，而道路北侧西北角的私房均占用了道路红线，虽为划拨用地，但是拆迁及协调难度较大，因此本次对陈怀民路的改造只能在既有建筑界面之间的范围内进行。

　　（2）活动范围分析

　　街道两侧的业态分布决定了街道参与者的活动特征，根据陈怀民路周边15分钟生活圈内的菜市场和餐饮业的分布图，区域内55%的菜市场和23%的餐饮业聚集于陈怀民路周边，因此，陈怀民路是以卖菜、买菜和餐饮为主导的服务型街道，其空间活动范围根据时间变化而不同，而街道活动特征呈现了"潮汐型"，主要吸引老年人和中青年人居多，其中老年人以上午买菜为主，中青年人以过早宵夜为主。凌晨是沿街商贩的进货时间，其活动的空间范围是从街道上货车卸货点到门店内部；清晨6：00~9：30和傍晚17：00~18：30是街道活动的高峰时期，街道上人流活动以买菜为主，街道的活动空间范围为沿街门面和街道组成的三维空间；而中午

a 15分钟生活圈范围内菜市场分布　　　　　b 15分钟生活圈范围内餐饮业分布

图10-5　15分钟生活圈范围内菜市场和餐饮业分布图

12：00~14：00是街道活动的低谷期，主要是周围上班族外出午餐，街道仅承担通行功能；晚上19：30~21：00，沿街居住的老人和孩子在街道上散步、玩耍，街道主要承担的是社交与运动场所。

街道参与者活动时间及类型分布一览表　　　　　　表10-1

活动时间	街道参与者	活动类型
凌晨3：00~5：00	沿街商贩/店主	进货
清晨6：00~9：30	周围的社区居民	买菜、唠嗑
清晨7：30~8：30	周围的上班族	买早餐/过早
中午12：00~14：00	周围的上班族	通过，山海关路买午餐
下午17：00~18：30	周围的上班族	下班买菜
晚上19：30~21：00	沿街居住的老人、孩子	散步、聊天

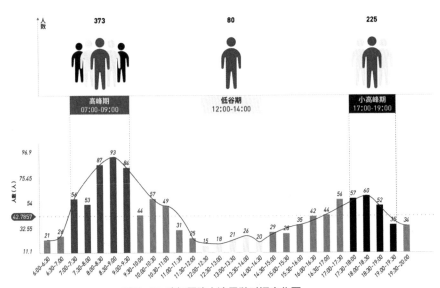

图10-6　陈怀民路人流量随时间变化图

从时间分布特征可以看出，陈怀民路的街道使用者虽然类型多样，但是时间分布方面非常明确，且以步行活动为主；从街道活动范围来看，陈怀民路中山大道—长春街路段的空间最具活力，以成年人买菜为主，长春街—胜利街路段两侧以居住区的围墙及其他非餐饮业为主，街道活力有限，整体上

图10-7　区域人流空间分布特征

街道的休憩设施有限，仅限成年人站立，这对街道吸引力的打造来说是非常不利的因素。

（3）景观要素分析

1）底界面

①步行区域

由于建筑后退空间与人行道空间并无明显分割，本条街道的步行区域即指建筑界面至机动车道路缘石之间的区域，分布不连续且仅为单边通行，其中中山大道—长春街路段，步行通行区域主要分布于道路的南侧，宽约7米，而长春街—胜利街路段，步行通行区域分布于道路的北侧，宽约4米。由于陈怀民路通过型交通量较少，且卖菜的门面主要布设在道路的北侧，因此街道上的步行区域不仅仅局限于步行通行区域，买菜的居民经常利用车行道进行通行。在铺装方面，以混凝土砖为主，质量一般，局部有破碎和污渍，品质不高，同时通行区域被非机动车及两侧的沿街商铺占据，连续性比较差（图10-8）。

②车行区域

陈怀民路现状车行道宽约6.5~7米，为水泥路面，路面磨损严重，由于沿线店铺24小时不间断的生产加工和经营，产生的污水、卸货残留脏物及垃

a 中山大道—长春街 路段

b 长春街—胜利街 路段

图10-8 陈怀民路现状步行通行空间

圾渗液直接排放于道路面，噪声臭气污染大，同时带来的路面污渍严重，街道环境脏乱（图10-9）。由于陈怀民路为单行交通，通过性车流量较少，早高峰期两侧商铺的货车占道停放严重，再加上买菜过早的行人随意穿行，整体上交通比较混乱。

2）建筑立面

建筑外立面整体比较脏、旧，空调机位杂乱，底商色彩风貌不协调，1950年代建筑顶层存在违建。这种市井气浓厚的"汉味"街道在如火如荼的城市更新中已变得岌岌可危（图10-10）。

3）街道绿化

根据行人绿视率分布显示，六合社区范围内的街道绿化水平较

图10-9 沿街店铺产生的污水

图10-10　陈怀民路周边的建筑形态航拍图

高，然而陈怀民路的街道绿化水平较低，现场调研发现陈怀民路沿街只有单侧绿化，其中中山大道—长春街路段绿化位于南侧，而长春街—胜利街段绿化分布于北侧，绿化树种主要为法国梧桐，树形一般，但杆径及冠幅较大，对于属于中国四大火炉的武汉来说，绿化减少是致使夏季中午人流减少的重要原因（图10-11、图10-12）。

4）街道设施

陈怀民路街道设施有限，仅在中山大道—长春街路段有两处休闲座椅，休闲座椅的使用时间集中在早上和傍晚，在长春街路口有一处修车棚，而修车棚虽然活力较高，为周边居民驻留的主要吸引点，但是环境品质较差，无任何遮阴措施。该区域老龄化严重，设施缺乏，不能满足居民的使用需求（图10-13）。

（4）人际关系网络分析

陈怀民路街道两侧以居住和贩卖零售业为主，街道空间内承载着因买菜—卖菜而形成的业缘关系和因居住产生的邻里关系。沿街商户和菜市场内的租赁摊主因卖菜而长期工作于此地，彼此熟悉，交流沟通较多，有显著的认同感和情感联系，形成了相对独立的卖菜小圈子；买菜的居民亦因长期到此处买菜，与买菜的其他居民和卖菜的摊主而相互熟

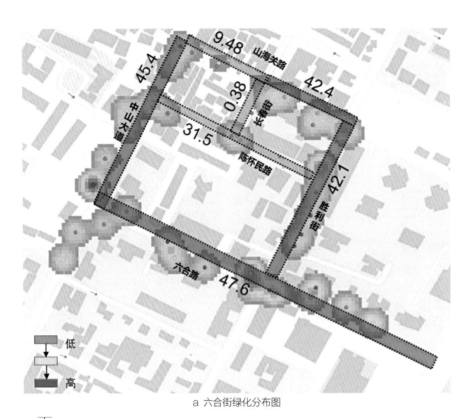

a 六合街绿化分布图

平均绿视率							

47.6%　45.4%　42.4%　42.1%　31.5%　9.48%　0.38%

六合路　中山大道　山海关路东段　胜利街　陈怀民路　山海关路西段　长春街

b 各条街道绿视率对比

图10-11　六合社区各街道绿视率分析

a 中山大道—长春街 路段　　　b 长春街—胜利街 路段

图10-12　陈怀民路现状街道绿化

a 休息座椅　　　　　　b 现状自行车修车铺　　　　　　c 现状小区楼道

图10-13　街道设施及公共活动空间节点

知，他们在街道上进行驻足、交流、摘菜等活动，使得大家又因地缘形成熟悉的邻里关系；周围的居民因为长期居住于此，也因血缘、地缘而缔结为友好的邻里关系。虽然陈怀民路的街道品质不高，但是依托街道空间形成的丰富的人际关系网络，表现出来就是街道的活力，或者汉派味十足的市井文化。

10.1.2　街道改造诉求

（1）区政府

江岸区政府是陈怀民路改造的主要决策者和出资者，而陈怀民路所在的六合社区即是江岸区政府所在地，陈怀民路是江岸区政府工作人员下班买菜的必经之地，其"脏、乱、差"的街道环境也早就引起了区政府高层领导的注意。结合世界军运会举办契机，推动老旧社区整治，落实"创新活力片区，幸福美丽江岸"的奋斗目标，是区政府的诉求，但是陈怀民路并不是军运会保障路线，同时地处六合社区的背街区域，在目前基础设施投资压力大的情况下，其改造的紧迫性并不是很大。从远期城市发展的角度考虑，该区域可能会被列入城市三旧改造中，面临着整体的拆迁，近期的投资可能会是一种浪费。

（2）规划局

陈怀民路紧邻武汉市划定的"设计之都"区域，从市、区规划局两级层面来看，陈怀民路地处六合路片传统特色街区，其改造对于延续尺度宜人的传统历史街区，打造设计之都旁驻足停留的慢生活场所都有着十分重要的意义，因此，规划局十分支持对陈怀民路的改造，寄希望能通过此次改造，将陈怀民路打造成为一个高品质的街道场所，从而为老城区的街道微改造带来示范效应。

（3）四维街街道

陈怀民路属于四维街街道管辖，其脏、乱、差、臭的街道环境经常遭到居民投诉，因此四维街街道办事处渴望借助军运会举办契机对这一片区进行微改造，对沿街的业态、门面及外立面进行品质提升，打造江岸区沿江旅游带中市井生活的高地。由于陈怀民路的改造资金来源是区级政府财政资金，因此街道办事处致力于采用小规模渐进式的"针灸式"整治改造，以改善民生为目的，尽量不涉及人的腾迁，投资金额低，改造落地实施的可能性高，从而更易得到区政府的支持。

（4）城管局

江岸区城管局四维街执法中队负责陈怀民路的城市环境卫生管理工作，由于该街道沿线店铺较多，街道门面的占道经营、污水排放、垃圾处理、货车占道停车现象严重，这一片区是执法的重点和难点。他们也希望陈怀民路能及时改造，从而解决现在的各种问题。

（5）沿街居民

陈怀民路两侧的居民以老年人和低收入群体较多，他们十分欢迎和支持陈怀民路的改造，希望能通过街道场所提供老年人交流、休息的设施和儿童玩耍的空间，打造一个友好的邻里空间。同时他们希望这次改造方案，能提升街道的环境，减小门面加工、进货的噪声及周边垃圾臭味的影响对他们正常生活的干扰。同时他们也希望在周边区域建设停车场，解决他们的停车问题。对于附近买菜的居民来说，他们希望能打造一个安全舒适的步行通行空间，并能提供一个良好的、便捷的休息设施，从而方便大家的交流与休憩。

（6）沿街商户

沿街商户对街道改造持不同的态度，对于菜市场内部的摊主来说，他们渴望对陈怀民路进行街道改造，从而提升街道的环境，增加人流量，而沿街店面的升级改造又能减小沿街店铺的数量，因此能提高菜市场内部的营业份额。对于沿线的店铺来说，他们对街道改造的热情不高，因为害怕街道改造带来沿线店铺的租金提升和业态的改变，同时他们希望能增加货运停车位和垃圾收集点，并能加强对路边摊贩的管理，减少对他们门面收入的影响。

（7）设计单位

从设计单位的层面来看，陈怀民地处武汉设计之都，其改造的成功对于树立设计院在微改造方面的影响力也具有十分重要的意义，因此设计单位非常重视该道路的改造方案，且团队中大部分设计师来自武汉本地。由于陈怀民路地处典型的汉味老旧社区，呈现汉派的市井生活，对于很多出生于武汉的设计师来说，这条街道也承载了自己的儿时记忆，因此他们也渴望在通过街道的微改造提升街道品质的同时，保留原有的肌理。

10.1.3　街道改造思路

（1）改造目标

从不同利益相关者的需求来看，市井共享的体验区是大家的共识，因此本次陈怀民路街道品质提升的改造围绕环境、交通、空间和功能四个方面的问题，以市井共享、动静皆宜为改造目标，整合街巷空间资源，美化城市环境，打造"精致的街区"，同时传承并提升市井生活方式，营造"当下的市民文化"，从而实现卫生、安全、活力的改造目标。

（2）改造思路

该方案的改造思路在于解决最急迫的民生问题，即重点解决"脏、乱、差、臭"的街道环境问题，并传承与提升片区市井文化，最大限度地减少对现有街道活力的干扰，从外立面整治、街道功能调整、公共空间提升、老旧设施更新四个方面对街道进行微改造，对街道进行治乱、治脏、治臭、治旧，从而达到武汉市政府要求的"脱胎换骨、蜕茧成蝶"的城市品质提升要求（图10-14）。

（3）改造策略

①治乱——对街道功能进行重新梳理，打造邻里公共活动的"共享街道"

从陈怀民路街道参与者活动时间及类型分布来看，其活动的主要需求为步行、货运车辆的停放及活动参与者对休憩交流的活动空间要求，对街道的机动车通行功能要求较低，因此对街道的功能及路权重新梳理，将陈怀民路打造成为保留部分时段卸货功能（晚10：00~早6：00）的步行街，延续历史文化的肌理（图10-15~图10-17）。在街道的中山大道、胜利街道口

图10-14　区域的整体改造意向图

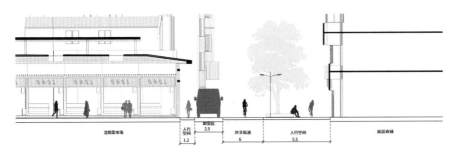

图10-15　陈怀民路街道改造后的断面示意图

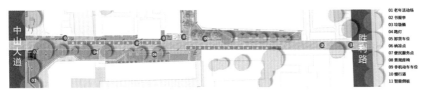

图10-16　陈怀民路街道改造后的断面示意图

图10-17　陈怀民路改造效果图

图10-18　陈怀民路改造的街道立面整治效果图

处分别设立升降式隔离墩（智能倒桩），方便街道上的卸货车辆管理，同时为了方便货运车辆的附近停放，在中山大道道口处利用拆迁工地设置临时停车场。

②治脏——建筑立面整治和内部环境卫生提升，打造精致街道品质

按照武汉市军运会整治标准，对街道沿线的建筑进行拆除屋顶违建、封阳台、墙面重刷、增加空调格栅、更换外窗等手段，重点对陈怀民路北侧一侧的老旧建筑进行立面整治，其采用的色彩遵循六合片区传统风貌街区的规划要求。对沿街店铺的卫生条件进行适当升级，采用墙面粉刷、增加排烟设备、对地面进行规整等方法（图10-18）。

③治臭——排水和环卫设施进行改造，改善现有街道环境

为每户沿街店铺增设污水管道，收集截流沿线商铺排出污水，避免污水和厨余垃圾渣渗入地面，同时结合道路改造，雨水边沟改为盖板边沟，减少垃圾的进入和气味的产生，改善街道环境（图10-19）。在垃圾处理方面，增设两处有机垃圾处理站，将每日产生的大量剩菜烂叶垃圾等废弃食材收集起来，制作有机肥原料，将这些有机"垃圾"变废为宝（图10-20）。

④治旧——局部菜场功能升级和品牌导入，打造市井人文菜场标杆

借鉴北京三元里菜场精品化、社群化、文创化的零售新模式，提升沈阳路菜市场的整体形象，打造成市井人文菜场标杆，成为浸入式旅游体验热点目的地。同时针对陈怀民路菜品种类完备、空置率高、气味脏水大的问题，对经营模式进行更新，引入盒马鲜生，打造"生鲜市场+超市+餐饮+体验+线上下单送货到家"的一条龙服务。

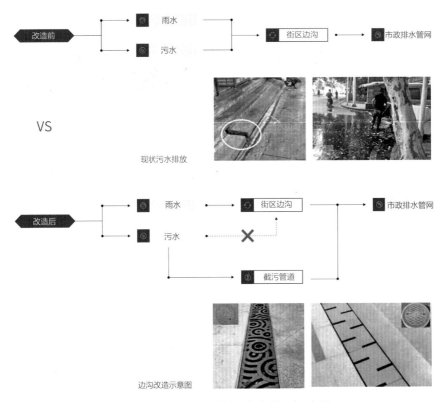

图10-19 陈怀民路排水设施改造提升示意图

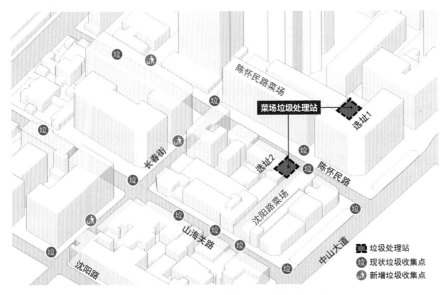

图10-20 陈怀民路街道增设的环境卫生设施

10.2　商业活力街道——一心街街道品质提升

武汉市新一轮总规确定了东湖国家自主创新示范区（后简称：东湖示范区）作为武汉副城的功能定位，重点承载科技创新功能。光谷中心城作为武汉国家自主创新示范区和中国（湖北）自由贸易实验区（武汉片区）双自联动核心区，以"中国光谷TBD——中国中部的科技金融创新中心"的战略定位，对东湖示范区乃至华中地区都具有较强的核心辐射功能。

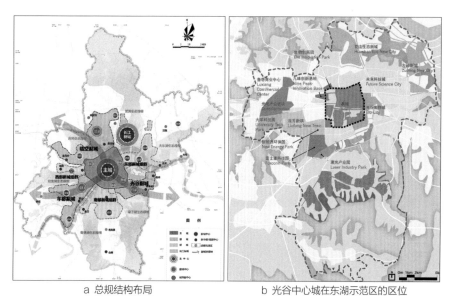

a 总规结构布局　　　　　　　　　b 光谷中心城在东湖示范区的区位

图10-21　光谷中心城区位图（图片来源：《武汉市城市总体规划（2017—2035年）》和《中国光谷中心区总体城市设计》）

为了保障城市设计质量和建设水平，切实解决顶层规划与设计实施脱节、道路红线内外景观不协调等问题，2016年12月，光谷中心城以奥山青和城街区为实验片区，着手开展街道设计工作，以期提升城市品质、创造城市活力、塑造花园城市和创新城市典范，一心街则为首批街道设计示范街道。

在着手开展一心街街道设计之初，该条道路及其周边项目地块均已办结相关审批审查手续，现场已动工建设。要突破传统道路设计的局限，实现完整街道品质建设，这无疑对方案的制定、项目建设管理模式和现有的管理体制提出了新的挑战，这在武汉市乃至全国来讲，都是全新的尝试和实践。

项目实施单位为武汉光谷中心城建设投资有限公司（后简称：光谷中

心城投），设计单位为武汉市规划设计有限公司，改造时间为2017年12月至2019年8月。

10.2.1 街道现状分析

光谷中心城核心区为典型"小街区密路网"的街道空间形态。一心街位于光谷中心城北核心区，全长约247米，街道空间宽度约25米（道路红线宽15米，两侧建筑退让距离各5米）。

（1）产权与规划制度

一心街街道两侧规划为金融保险用地，为武汉奥山东高置业有限公司和武汉光谷青和城产业发展有限公司两家单位权属所有，"小街区密路网"路网格局使得"跨街坊供地"成为光谷中心城的用地布局常态。前者所有的奥山光谷世纪城1#、4#地块和后者所有的光谷新汇1#、2#地块分别位于道路两侧。

根据项目组调研，在开展街道设计之前，建设单位、项目开发企业与道路规划设计单位之间未开展积极有效的对接，大家各司其职。由此而产生了诸如顶层规划要点未落实、街道功能空间不完善、景观效果不协调、实施效

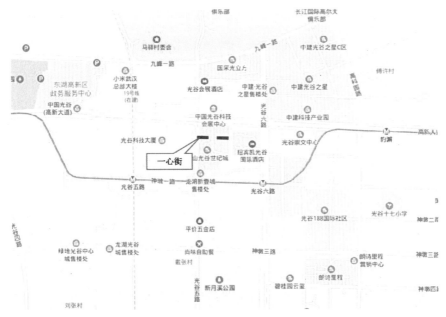

图10-22 一心街的区位图

果不理想等诸多问题。这与建设主体对街道的期望是不相符的。如：具有武汉特色的道路修建性详细规划对街道的考量仅限于道路红线空间范围，它界定了道路空间布局、绿地率指标、管线布局及排水体系，施工图设计据此作出可指导现场施工的深化设计；道路沿线开发项目的方案设计仅对用地规划设计条件中的要求进行了落实，如建筑开口、贴线率、绿地率、建筑高度等。但是城市总体设计界定的停车和落客的功能要求、街景规划中界定的街道景观及设施标准、种植专项中界定的种植要求等，在既定方案中均未有效落实。

图10-23　一心街两侧地籍情况

图10-24　奥山青和城街区航拍影像图（2017年6月）

（2）空间活动范围

光谷中心城北核心区主要为商务行政办公、商业服务、居住用地，是一个生活、工作、学习和娱乐的活力之城，为人们塑造幸福生活的好环境。

从活动空间范围来说，一心街沿线办公地块的活动主要集中在地块建筑或内部广场范围，街道空间的活动主要以交通通行功能为主；而依托光谷新汇商业地块的街道的活动在街道、地块内部广场和地块建筑内均有所体现，这也就对街道空间的场所提出了功能要求。

从活动时间的范畴来说，办公地块的街道通行功能主要集中在工作日的上下班通勤时段，它是街道的必要性的活动（基本活动）；商业地块的街道活动主要体现在上下班的高峰期、午晚就餐及节假日的"上街"或"逛街"时段，以自发性活动和社交性活动为主。

一心街街道空间的使用者是多样化的人群，主要以中青年为主，以因工作而迁居于此的家庭儿童和老人为其次；从人员流动性来看，常住人口和临时居住人口并重；从人员活动目的来看，以商务办公为主，生活休闲为辅。不同的使用人群对商业地块街道场所亦有不同的需求，从而呈现不同的活动类型。以家庭为单位的街道使用者，需要全龄友好的街道空间，能够为老年人提供安全、便捷的休憩场所，为儿童提供安全舒适的游玩场所，为青年提供休憩等待或陪护场所。活动类型可能是家庭日、纪念日的活动出行，也可以是日常的购物就餐出行等。对以青年人群为主的使用者而言，街道场所则主要为街道的商业外摆及交往场所，提供朋友会面、休闲交谈的场所功能，活动类型可以是情侣约会、好友聚餐、闺蜜逛街等。而对于临街商铺的租户或者业主来说，它需要的是能够导入人流的活力、休憩场所和商业外摆空间等。当然，基于一心街会展中心多功能区的区位特征，商业地块街道场所还具有办公属性，如临时洽谈、休息等候等，它既是街道，也是对外展示城市文化和城市形象的窗口，其场所空间需要城市风貌和城市文化元素的注入。

显而易见的是，无论是办公地块还是商业地块均需要街道提供必要的通行功能，而商业地块在街道场所功能方面则体现出多样化人群、多类型活动的功能要求，它需要满足全龄安全、活力促发及提供必要的休闲娱乐功能。这就要求一心街街道设计方案在光谷新汇商业地段提供街道场所空间。

（3）景观要素分析

考虑到一心街为新建道路，该项目分别从景观感知的四个方面对既定条件，如地块项目景观方案、道路施工图方案，进行梳理分析。

1）底界面

底界面包括建筑前区铺装、步行通行区、非机动车道、机动车道。其中步行通行区、非机动车道和机动车道均位于一心街道路红线内，建筑前区则分为奥山光谷世纪城和光谷新汇两个部分。

①建筑前区铺装

奥山光谷世纪城和光谷新汇范围内的铺地均采用花岗岩铺装，但在主题风格上存在较大的差异。前者为典型的现代简约风格，材料色彩以灰色为主，局部采用深浅灰色进行调色布设，并以简单的横向拼接为主；后者为典型的装饰主义风格，材料色彩以芝麻黑和黄金麻为主，局部采用深浅灰、石岛红、天山红进行收边和分隔处理，在铺装形式上则以多样斜铺、错缝铺为主，并辅以多样化地面标记进行切割拼铺。

在场地竖向上，奥山光谷世纪城1#和4#场地高差在距离建筑立面约1.7米处通过3~4级台阶进行消纳，其余场地均与市政道路步行通行区顺接。

在建筑前区空间尺度上，一心街两侧建筑退让红线距离均为5米。但因地块高差处理和绿化景观设置，奥山光谷世纪城净通行空间约3.8~4米，局部仅为1米；光谷新汇净通行空间为3.3~5米。人行广场出入口处则延伸至商业内街。

单一街道存在多个项目主体，大家各司其职，更多的是从自身的角度出发，进行建筑前区设计景观设计，这在一定程度上确实可以形成标志性的小地块景观，但对于片区发展和片区形象来说，则过于零碎化，难以形成城市风貌和景观特色。

a 奥山光谷世纪城建筑前区铺装　　　　b 光谷新汇建筑前区铺装

图10-25　建筑前区现状铺装

图10-26　奥山光谷世纪城台阶铺设图

②步行通行区

根据已编制道路施工图，道路步行通行区宽度为3米（包含1.5米树穴带），将树穴进行平面处理，步行通行区净宽约为2米，满足最低的市政道路设计规范标准要求。同时，采用水泥艺术地坪进行铺设。在缺乏对街道完整空间统筹分析的情况下，步行通行区的铺砖与建筑前区铺装存在较大的差异，这无疑对街道铺装景观产生了消极的影响。

③车行道

车行道包括机动车道和非机动车道空间。考量到一心街道路红线仅为15米宽，非机动车道采用与机动车共面设置的布局形式，通行宽度仅为单侧1.5米，机动车道宽为双向6米（图10-27）。在铺装形式上，车行道采用黑色沥青铺装，通过施划标线分隔对向机动车流，以及分隔机动车和非机动车。

道路红线的宽度较大程度上限制了非机动车道的通行路权，在机动车宽度和非机动车宽度都十分局促的情况下，将其进行共面布局或者混行，这无疑对非机动车的通行安全造成了较大的威胁。

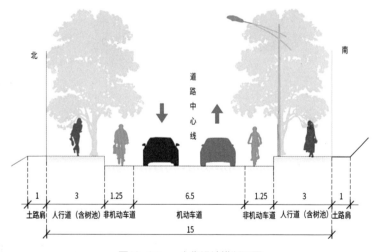

图10-27　一心街设计横断面图

2）建筑立面

奥山光谷世纪城建筑主要为现代简约风格，色彩以暖白色调为主，建筑立面布设大面积玻璃，整体呈现大气、稳重的氛围。光谷新汇则为典型的装饰主义风格，色彩以浅米黄色调为主，商业一层和办公底层配以中棕色调和，在商业内街广场衔接处，则布设有彩釉玻璃装饰建筑，呈现活泼热烈的街道氛围（图10-28）。

图10-28　奥山光谷世纪城和光谷新汇建筑立面

街道两侧仅光谷新汇商业性建筑对广告招牌进行了布局设计：其中底层（1~3层）广告招牌结合建筑结构统一布局，同时结合商业内街广场建筑设置大规格的广告位和LED显示屏。其余建筑均未对此进行设计。因一心街两侧项目为在建项目，这也为后期广告招牌规范化设置提供了有利的条件。

3）街道绿化

结合项目建设管理模式，街道绿化包括建筑前区和道路红线两个空间范围的绿化。其中建筑前区因项目用地权属的不同，分为奥山光谷世纪城和光谷新汇两个独立的部分。

道路红线范围内的绿化主要为车行道两侧的双排行道树，设计树种为日本樱花，同时采用光谷中心城定制铸铁树池篦子进行覆盖。

奥山光谷世纪城范围内的绿化主要为结合场地高差消纳梯道设置的集中绿化景观，采用"高层乔木+低层灌木"的种植形式，其中乔木树种选择为香樟。光谷新汇在临近道路红线的1.8米空间设置间断式绿化带，采用花坛灌木种植形式，植物选择红叶石楠和小叶栀子搭配种植。

一心街街道空间范围内的景观种植呈现"不同地块，景观不同"的特征，但是通过行道树的设计在一定程度上能够调和街道两侧用地的常绿植物，形成街道景观。但街道种植形式的差异性，在一定程度上限制了完整街道空间布局优化的可能或改造的力度。

4）街道设施

街道设施包括照明设施、交通设施、街道家具等。

①照明设施

街道空间内照明设施包括道路红线内的市政照明和建筑前区内的景观照明。市政照明施工图设计仅从国家、地方和行业规范标准出发，采用单侧单悬臂方式布设于道路南侧树穴带内，照明杆件造型为武汉市当地要求杆件样式。

建筑前区内的景观照明，奥山光谷世纪城段主要为设置于一层建筑立面的装饰照明；光谷新汇段包括附着于建筑立面的装饰照明和布设于建筑前区绿化带内的庭院灯。

一心街街道空间范围内的照明，从用地权属、实施主体等多个方面限制了街道照明景观的统一与协调。

图10-29　奥山光谷世纪城建筑景观照明　　　图10-30　光谷新汇建筑前区景观照明

②交通设施

交通设施包括街道空间范围内的指路牌、路名牌、指示牌及交通信号灯杆件、电子警察和视频监控等。按照常规设计，在"小街区密路网"的路网体系中，因各自所属专业的差异、主管部门的不同，加之大家各自为政，致使杆件繁多，对街道空间环境产生了消极的影响。

③街道家具

街道家具主要包括景观小品、座椅、环卫设施等。原有的道路施工图设计因建设部门的权限和设计任务的限制，在道路红线空间范围内无景观小品、座椅和环卫设施的设计。对于建筑前区，仅光谷新汇商业内街出入口设置了景观小品，其他区段均无设计涉及。

街道家具功能的不完善，导致街道使用者对街道的品质感受影响大，如环卫设施的有无、功能完善与否对街道环境产生了极大的影响；座椅的有无和设置的合理性，对是否能够提供停驻空间有直接的关系，这将对街道活力有莫大的关系。

（4）人际关系网络分析

东湖示范区为典型的中国式高新技术开发区，大部分居民因工作而聚居于此，本地原住民大多已搬迁，也有部分因为工作而仍旧生活在这里。这就意味着片区的人际交往主要因业缘而缔结，进一步衍生出我们人际关系网络中的血缘、地缘和趣缘。

因工作而举家齐迁于此的人群，因血缘而相聚，他们以家庭为出行单位，在街道空间开展活动；新城的居住社区，住户之间虽然没有血缘和业缘的关系，但因长时间居住于此，加之开放社区和邻里空间场所的打造，人们因地缘而相互熟知，多以朋友结伴交往的形式，在街道空间驻足、游憩；高新区的生活是多样的，人们因读书会、体育健身等兴趣爱好而相聚在特定的地点，因趣缘而形成交往人际关系，而以朋友结伴在街道空间通行。

一心街两侧以商业和办公为主，街道空间内承载更多的是因业缘而在此通行和交往的人群，人们因街道提供的临时办公、洽谈业务、休憩等候等场所而停驻于街道，并由此缔结更为广泛的业缘关系网络。同时光谷新汇因为商业属性而产生了更多的人际关系，人们因血缘、地缘、趣缘而活动在这个街道上，且因街道的场所功能，可能会衍生出更多的趣缘关系，而这本身就是一种因街道空间而产生的地缘关系。

（5）小结

通过现状的解析可知，受现有用地权属的限制两侧建筑前区与道路红线内的空间难以形成统一的整体，这就需要街道设计以"U型"空间作为研究对象，对街道展开整体功能和景观的设计。

10.2.2　街道改造诉求

一心街为新建街道，在进行街道方案设计时，街道和地块均在建设当中，这使得方案的编制在考虑街道使用者和城市管理者的同时，进一步考虑了道路建设者、地块开发企业、设计单位、道路施工单位的诉求。

（1）政府决策者

街道设计的决策者首先是东湖高新区管委会的分管领导，决策者认为街道作为与建筑毗邻的区域，是展现城市品质、传承历史文化的重要公共空间，创新开展街道设计工作非常重要和十分必要。这就意味着街道设计作为东湖示范区乃至全武汉的新型设计项目，在决策者层面予以了肯定。政府决策者期望能够在光谷中心城打造出有品质的街道空间，示范武汉乃至全国。

街道设计的决策者其次是光谷中心城主管决策者。光谷中心城主管决策者在2016年7月《光谷中心城街景规划》编制完成后，要求继续深化开展下阶段的街道设计工作，并形成街道设计方案成果呈报东湖高新区管委会。街道设计作为一种新型规划设计项目类型，打破了常规设计的用地权属空间限制、上下规划衔接不畅、多方信息对接复杂等诸多限定，光谷中心城主管决策者期望能够得到更高一级政府部门的认同与支持，同时能够打造光谷中心城独特的街道风貌，匹配光谷中心城功能定位，塑造花园城市和创新城市典范。同时，希望在投资上能够适当降低或有效控制，在管理上能够合规合法，程序简便。

（2）规划局

在开展一心街街道设计工作时，规划部门已完成了一心街修建性详细规划和项目地块的建筑方案审批工作。它通过道路修建性详细规划审批程序对城市市政道路横断面布局及电力、通信、给水、燃气、雨水、污水管网布局进行把控，它期望道路的建设能够严格按照审批的方案落实。此外，它通过建筑方案的审批对城市建筑形态、建筑风貌、进出口交通、规划设计条件落实情况进行把控，以执行规划管控职能，并期望项目地块建筑能够严格按照审批方案落实，减少方案的反复与多次核查的工作。

（3）建设局（园林和路灯管理部门）

在东湖示范区范围内，一心街街道绿化方案、路灯方案均由建设局进行专业审查和验收。在审查阶段，它期望地块景观方案能够满足规划设计条件和海绵指标要求等，道路景观方案能够满足绿地率和城市上位规划种植专项要求等，路灯方案能够满足国家、地方及行业规范标准要求，加快审批时限，同时能够有效控制资金；在验收阶段，它期望现场能够严格按照审批方案实施，以执行管控职能，保障审批严肃性。

（4）交管大队

交管大队负责对一心街街道空间范围内的交通设施进行行业审查和验

收，它期望交通设施能够设置完善，便于管理与维护。

（5）光谷中心城投

一心街建设者是光谷中心城投，因为现场建设场地的限制，它期望街道设计方案能够凸显特色，但是它更多关注的是现场的工期要求、建设的经费控制和管理的便捷性。

（6）开发企业

在开展一心街街道设计时，街道两侧的建筑前区景观施工图已经完成，光谷新汇段现场已建成。他们期望街道设计方案能够有效地与自己的方案契合，减少设计修改和现场返工，对街道品质要求颇高，但在出资提升街道景观效果方面积极性不高。

（7）设计单位

一心街街道设计为新增的设计阶段，在不同的目标导向下，该种设计形式的介入必将使得既定街道空间内的道路方案和建筑前区景观方案产生变更设计，甚至于重新设计。对于相关设计单位来说，它们期望尽量减少方案的调整，因为新增的工作量并不会带来新的收益。

10.2.3 街道改造思路

（1）改造目标

在开展一心街街道方案设计之初，项目组梳理了光谷中心城规划层面对一心街街道的功能或定位要求：总体城市设计确定一心街为C类街墙，要求具备路边停车和落客功能；街景规划确定一心街为商业性街道，要求注重沿街商业界面、城市家具的舒适性以及步行道的宽度等；一心街修建规划确定了双向二车道通行功能。由此，从上位规划层面明确了街道交通功能和景观要求。

由于一心街为光谷中心城街道设计的示范项目，政府决策者明确了智慧城市设施功能，同时要求尽全力打造品质街道空间。

经过以上分析，界定一心街街道改造的目标是：打造高品质的商业街道，以示范光谷中心城街道设计工作。

（2）改造思路

按照"安全性原则、以人为本原则、完整街道原则、精细化设计"的街道设计原则，在梳理光谷中心城顶层规划要点的基础上，结合街道两侧用地特性和街道功能分析，在尽量保障工期和契合现场的情况下，统筹布局街道空间与街道景观，以期对施工图设计及现场进行精确指导，打造具有归属感的高品质空间。

（3）改造策略

①道路红线与退界空间综合考虑，打造完整街道空间

项目组重新进行了街道空间布局划分，设置了路内停车和落客区；同时设置独立非机动车道，并通过绿化带进行机非分隔；人行借用建筑前区空间通行。

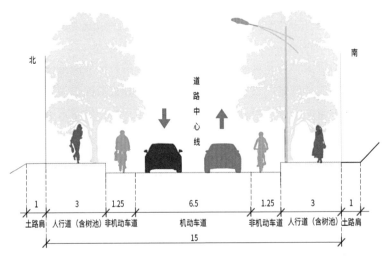

a 改造前断面示意图

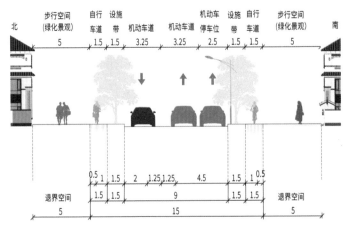

b 改造后断面示意图

图10-31 一心街改造前后断面对比图

图10-32　一心街商业连通广场效果图

　　通过重新设计道路红线范围内的铺地材质，调和地块之间的铺地景观差异；同时将连通广场铺装与两侧内街铺地进行融合，打造一体化景观效果。

　　②塑造场所空间，打造活力商业街道

　　通过连通广场、商业内街入口雕塑小品的设置，提升商业活力；通过商业外摆空间、绿化集中式景观座椅的设置，塑造街道休闲交往场所（图10-32）。

　　③杆件一体化设计，洁化街道环境，打造智慧街道

　　项目组首先对一心街沿线杆件进行梳理，取缔不必要的标牌或改变设置形式，如取消机动车行驶标牌的设置，将限速标牌通过地面设置表达等；之后进行杆件一体化设计，如交通标牌与路灯杆共杆、交通信号灯与交通标牌共杆设计等；采用智慧照明，集成智慧照明、WiFi热点、视频监控、环境检测、信息发布、公共广播等智慧模块。

　　④倡导人本理念，引入稳静化交通方式，实现人本街道空间

　　通过路段路拱、抬高车行出入口、缩小路缘石转弯半径等稳静化措施，降低街道车速，保障出行安全（图10-33）。

　　⑤街道设施功能完善

　　突破传统道路设计局限，对街道空间环卫设施、桌椅及景观小品进行统筹考虑，达到设计造型简洁大方、材质美观耐用、符合街道主题设计风格等相关的艺术要求。

　　（4）经验总结

　　一心街街道设计因获得决策者肯定，街道方案制定和实施较为顺畅，

图10-33　一心街路拱过街效果图

但因街道设计介入阶段的尴尬，实施过程中出现设计变更大、"投资额增加"等诸多问题。故从项目全周期进行综合考虑，应明确街道设计"规划—设计—建设—审查—管理"的全过程管理办法。

街道设计是一个多项目主体参与、多目标任务的综合体，设计方案的编制受项目开发企业、上层规划条件、项目管理能力等多方面的限制较大，完美的街道设计方案不是方案本身的尽善尽美，而应该是均衡多方利益与需求的"平衡体"。

街道设计是一个跨专业及跨领域设计过程，需要复合型及综合型的跨界人才，需要多专业的通力协作才能打造多目标街道空间，塑造品质街道。

10.3　景观休闲街道——九峰一路街道品质提升

九峰一路位于东湖国家自主创新示范区，街道北侧紧邻九峰山自然山系（宝盖峰、马驿峰、顶冠峰、幸福山、八叠山等）、九龙水库，东西向串联鸡公山公园、西苑公园、兰亭公园、龙山溪运动公园等城市公园绿地，景观资源禀赋优越。由于九峰一路是重要的军运会基础保障线路之一，承担进出军运会比赛场地—驿山高尔夫球场和军运会指定接待酒店—纽宾凯国际酒店的重要通行功能，也是东湖示范区对外形象展示的重要窗口，按照武汉市委、市政府要求，东湖高新管委会将九峰一路列入了2018年的城建计划，对其街道空间进行整体提升。

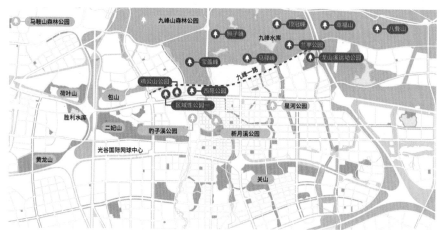

图10-34　九峰一路区位图

项目实施单位为武汉光谷中心城建设投资有限公司，设计单位为武汉市规划设计有限公司，改造时间从2018年7月至2019年8月。

10.3.1　街道现状分析

本次九峰一路的提升范围西起光谷三路，东至光谷七路，全长约2.6公里，道路红线宽30~40米。

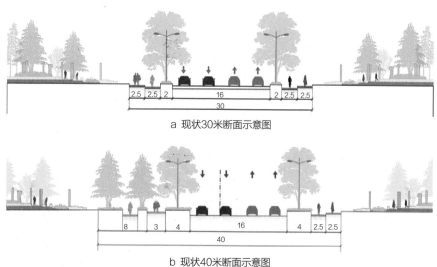

a　现状30米断面示意图

b　现状40米断面示意图

图10-35　九峰一路现状横断面示意图

（1）产权与规划制度

九峰一路道路红线内空间已严格按照原规划设计形成，街道沿线现状以大型公共服务设施、荒地和绿化用地为主，其中大型公共服务设施分布在道路南侧，且均已建成，包括光谷政务服务中心、湖北省科技馆（新馆）、光谷国际会展中心和驿山高尔夫，其他未建设用地以工业用地和绿化用地为主，并树立了围墙以隔离道路空间，这在一定程度上限制了道路红线外延的空间。

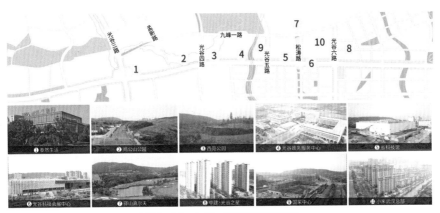

图10-36　九峰一路沿线地籍情况

a 光谷三路—孟新路段　　　　　　b 孟新路—光谷四路段

c 光谷四路—光谷五路段　　　　　　d 光谷五路—光谷六路段

图10-37　九峰一路沿线围墙及公园绿地图

（2）活动范围分析

从活动空间范围层面来说，街道空间的活动与街道两侧的用地开发建设程度息息相关。目前九峰一路两侧尚处于开发建设中，主要承担道路本身的交通通行功能，街道活动主要集中在道路红线空间范围内，在工作日时以服务于道路南侧的光谷行政服务中心的通勤交通为主，在小长假及周末时期主要服务于驿山高尔夫等休闲活动的通过性交通。远期，两侧用地开发完成且公园建成后，九峰一路街道的活动类型将依托沿线绿地景观资源承担更多的场所功能，服务于周边的居住、办公及节假日的旅游人群，它的活动类型可以是以家庭为单位的青老年健身、外出休闲娱乐活动；可以是以集体为单位的节假日骑行、自然空间体验活动；也可以是单人散步、健身和夜跑。

基于九峰一路的文化设施属性，街道空间活动时间主要为节假日开放时间、大型活动举办期，它此时提供的是交通通行功能，街道的活动可以衍生为对外交流、休闲休憩等。而从省科技馆和光谷科技会展中心的对外展示和服务特征来看，街道使用人群可以是华中乃至全国的工作人员。

（3）景观要素分析

1）底界面

①建筑前区

除了光谷政务服务中心、西苑公园、驿山高尔夫段，九峰一路两侧大部分为施工围挡和自然绿地，故本次建筑前区以施工围挡和围墙作为建筑立面进行分析。从该角度出发，街道空间范围内存在占用城市道路人行道、宽敞的自然绿地、人工景观绿地及广场等多个建筑前区形态。其中西苑公园与九峰一路衔接广场采用花岗岩的铺装形式。因此，如何有效统筹各类型建筑前区空间尺度和景观效果，是这次品质提升的一个重点。

②步行通行区

九峰一路的步行通行区，即道路两侧人行道空间，空间宽度为2.5米，局部路段因施工围挡，步行通行区空白，由于道路现状行人较少，步行区域使用率较低。在铺装方面，除光谷政务服务中心段采用大尺寸水泥砖（PC砖）铺装外，其余段基本采用防滑拉丝仿石步砖铺设（图10-38）。虽然道路沿线使用人群不多，但铺装材质受自身质量及周边施工场地的影响，破损、衔接不畅、无障碍不连续等问题较为突出。因此，步行通行区连通性差和铺装品质不高问题是本次提升要解决的问题。

a 大尺寸PC砖　　　　　　　　b 防滑拉丝仿石步砖

图10-38　九峰一路步行通行区铺装图

a 30米宽红线段　　　　　　　b 40米宽红线段

图10-39　九峰一路车行道现状图

③车行道

九峰一路现状为双向四车道沥青道路，并结合交叉口和光谷政务服务中心设置四对路边式或港湾式公交停靠站。此外，道路沿线独立非机动车道单侧控制为2.5米，为黑色沥青铺装（图10-39）。

机动车道局部路段路面状况较差，问题突出（图10-40）；非机动车道结构基本完整，间断有横向裂缝，部分路面破损。因此，如何改善车行道现状问题及公交站点交通组织是本次品质提升需要解决的问题。

2）建筑立面

九峰一路街道沿线均为现代新建建筑和隔离围墙，现状建筑主要为泰然·生物谷展示中心、光谷政务服务中心、在建国采中心、光谷科技会展中心和中建·光谷之星，均为黑白灰冷色系。基于现状建筑基本为新建项目，现状建筑无需进行进一步的提升改造（图10-41）。

图10-40　九峰一路现状机动车道问题示意图

a 光谷政务服务中心建筑　　　　　　　　b 国采中心建筑

图10-41　九峰一路现状建筑色彩及形态图

　　隔离围墙主要包括施工围挡和现状围墙。施工围挡以"实体砖墙+手绘宣传画"的形式设置（图10-42）。现状围墙基本采用具有一定透视率的样式，其中光谷政务服务中心段和驿山高尔夫段的围墙均进行了绿化美化（图10-43）。

　　现状施工围挡的样式与周边的景观效果形成较大的反差，因此，如何协调围挡景观是本次立面整治需要解决的问题。

　　3）街道绿化

　　九峰一路自然景观资源得天独厚，不远处的九峰山作为街道的景观背景，将街道使用者从城市高楼林立的狭窄空间中释放出来，为其提供了良好的视觉感受和街道空间感受。作为大自然的馈赠，它需要我们打通九峰一路沿线的视线通廊，将城市风景显露出来。

　　而就九峰一路街道本身而言，街道尺度范围内的绿化主要包括侧分绿化带、人非分隔带及路侧绿化三个部分，整体上看，种植植物较少，生长态势较差，无特色景观，而街道沿线自然荒地及施工围挡对街道景观的影响较

a 孟新路—光谷四路段　　　　　　　b 省科技馆（新馆）

图10-42　九峰一路现状施工围挡

a 光谷政务服务中心段　　b 驿山高尔夫段　　c 国采中心段

图10-43　九峰一路现状围墙

大，道路空间范围内如何改造街道绿化，显露自然山色，打造生态特色街道，是进行九峰一路街道改造要着重思考的问题。

4）街道设施

①照明设施

九峰一路街道照明设施主要为市政道路功能照明，采用的是双侧单臂布设形式。照明灯杆样式为武汉当地路灯部门确定的简约造型灯杆。

图10-44　九峰一路现状路灯照明

②交通设施

因道路两侧的用地建设和交通流均是动态变化，九峰一路现状交通设施的设置均为原始设计当下状态交通功能需求的布局。后因两侧用地的建设，新增公交停靠站、附着指路牌、停车标识牌等临时措施。随着周边用地开发建设的不断推进，如何进行弹性的方案设计和功能完善，是这次改造的重点之一。

③街道家具

现有九峰一路沿线未布设街道家具。

（4）人际关系网络分析

街道两侧的行政办公和公共服务属性特征，使得九峰一路沿线以因工作而产生的街道空间活动为主，即主要承载的是业缘关系网络。当然，居住的用地属性必然会产生地缘关系。

沿线优越的景观资源是九峰一路街道的另外一个典型的特征，其具有人流汇聚的典型特色，不同工种、不同年龄、不同出行目的的人集聚于此，在游玩、休憩的过程中产生交往活动，他们可以说是因地缘而相识，因趣缘而相聚。城市人因各种人际关系的缔结而成为更为完整的人，这为他们提供生活的安全感，而街道需要做的则是为他们提供具有归属感的街道空间，能够通过街道公共空间拉近彼此的距离。

10.3.2　街道改造诉求

（1）政府决策者

九峰一路的决策者可以说是武汉层面的政府管理者，在军运会的举办之

际他们提出了改造的需求，期望满足军运会基本保障路线的交通和景观要
求，展现武汉城市良好的发展面貌；而在东湖示范区层面甚至是光谷中心城
层面，相关政府决策者则站在九峰一路的区位特性角度，提出了高于市级层
面的建设要求，如展现区域建设成就和城市风貌等确切的需要，当然这也是
片区定位的要求。

（2）光谷中心城投

作为九峰一路的建设者，光谷中心城投希望九峰一路的品质提升工程能
满足上级决策者的要求，同时借助其地理位置特殊性，打造特色大道，体现
光谷中心城的建设标准和城市建设风貌。作为实施单位，他们也希望在保证
道路建设质量的前提下，可以有效地控制建设经费、按时完工。

（3）规划局

规划局不属于九峰一路的责任权属部门，因此并不关注九峰一路的具体
改造方案，只是作为参会部门，参与九峰一路方案协调会和汇报会。从部门
责任归属的角度看，规划局希望九峰一路提升改造在已批的道路红线范围内
举行，同时不对原已审批的道路规划方案做大的调整。当然如果有修改，应
重新编制道路规划再开展下步的改造立项和设计工作。

（4）行政审批局

军运会街道改造提升项目为街道空间层面的整体提升。虽然九峰一路沿
线街道空间未完全建成，但从打造景观效果的角度出发，项目组对道路红线
外一定的空间范围进行了景观提升，这就涉及了用地层面的审批。审批局期
望，九峰一路的方案是在合规合法层面的提升改造，不突破现行法律法规、
规章制度、管理办法等。

（5）建设局（园林和路灯管理部门）

在东湖示范区范围内，街道绿化方案、路灯方案均由建设局进行专业审
查和验收。他们期望九峰一路景观提升方案能够满足上位城市规划，用地合
法合规，同时植物景观种植能够凸显特色，易于管养；路灯方案满足国家、
地方及行业规范标准要求，同时能够有效控制资金。

（6）交管大队

交管大队负责对九峰一路街道空间范围内的交通设施进行行业审查和验
收，期望交通设施能够设置完善，便于管理与维护。

（7）开发企业

九峰一路现状沿线主要为光谷政务服务中心、在建省科技馆（新馆）、

驿山高尔夫、国采中心、中建·光谷之星等。从大型公共服务设施角度，他们期望交通能够快速到发，即使出现高峰拥挤也能够尽快疏解，能够有效帮忙解决停车问题；从居住地块角度，在期望交通能够快捷外，他们期望街道景观优越，同时不期望过多的过境交通造成噪声污染或者交通安全事故。

（8）设计单位

作为一个政治性任务，九峰一路的改造时间紧、任务重、又要有特色，这样的设计任务要求对设计团队来说无疑是一个挑战。他们期望审批的程序简约化、推进协调快速化、现场管理严格化、下步设计精细化、施工效果品质化，能够满足业主进度、投资和品质的要求，同时能够保障项目的按图落地，打造精品工程。

10.3.3　街道改造思路

（1）改造目标

九峰一路沿线自然山体环绕，绿地公园和渠道资源点状串珠，自然资源优越；大型公共服务设施聚集，服务东西过境及区域高频到发交通，功能需求及影响突出；现代化艺术建筑林立，城市风貌突出。这都奠定了九峰一路街道的功能特性，因此拟将九峰一路打造为东湖示范区景观游览轴，城市发展成就的展示轴。

（2）改造思路

结合军运会整治标准❶，基于对九峰一路的街道现状解析和功能定位分析，拟从交通、设施、山景、水景四个角度对九峰一路进行综合提升。

造路为径：优化细化和完善城市道路功能，畅通交通，满足九峰一路沿线地块到发交通和过境交通的通行功能。

接地生花：尽量保留利用现状道路及设施，同时结合已建设地块，对其景观和配套设施进行提档升级，满足九峰一路军运会配套设施功能，同时为街道空间活动提供场所设施。

显山造景：打通沿线多个节点的视线通廊，展现山体和城市重要节点，突出九峰一路景观游览轴功能，并与周边的自然景观融合。

---

❶ 根据《武汉市迎军运会城市环境综合整治提升工作方案》中"五边五化"要求，本次九峰一路街道提升内容包括以下四个部分：道路洁化——道路整治提升；生态绿化——园林绿化提升；景观亮化——夜景亮化；立面美化——建筑立面及广告招牌整治。

露水成渠：结合规划排水渠道和公园带，打造带状景观开敞区，增强街道景观效果和空间活动类型。

（3）改造策略

以军运会提升标准为基础，结合街道现状和功能定位，主要从以下几个方面对九峰一路街道的交通和设施进行改造提升。

组织优化。通过交叉口渠化优化和重要节点交通组织优化策略，缓解大型公共服务设施周边的交通拥堵问题；通过立体行人过街系统的构建，为停车和重要办公节点提供专用连廊，以提升街道的通行体验，同时满足全龄友好街道空间功能需求。

图10-45　九峰一路林荫广场及人行天桥效果图

图10-46　九峰一路港湾式落客区效果图

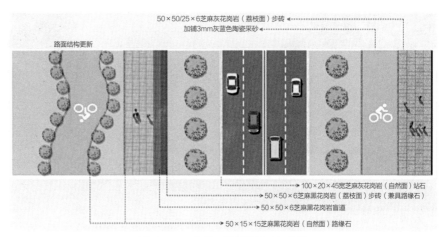

图10-47　九峰一路铺装提升示意图

铺装提质：对街道范围内现场踏勘，结合路面检测报告，对机动车道见新，满足军运会对保障线路的整体需求；对非机动车道提质，与东湖示范区绿道系统对接，为九峰一路街道注入更多的活力；对人行道换新，与周边既定用地铺装景观协调，形成完整街道空间。

设施升级：对街道空间范围内现状设施进行功能完善。根据智慧照明和智慧交通要求，结合东湖示范区内暂无智慧交通控制后台的现状，融入弹性设计理念，避免工程建设的经济浪费；通过智慧停车系统的设计，缓解大型公共服务设施周边停车拥堵的问题；对杆件进行共杆设计和箱柜美化，洁化街道纵向空间环境；同时进一步完善街道家具设施，满足不同活动场景的设施需求。

细节严控：引入交通稳静化措施、对道路进行精细化设计、满足全年龄段需求。

景观提升：用"借"的手法将规划的生态渠道和未来将形成的鸡公山公园山体景观显现出来，打通视线通廊，从而形成显山露水的景观。

生态串联，化整为零，方案将街头广场、绿道、步行道与周边景观资源进行融合设计，塑造场所空间和街道整体景观。

按各路段定位和特点进行"针对性设计"，对入口进行强化设计，强化仪式感，同时在道路两侧增加缤纷花径；对现状围墙部分，要求进行红线空间退让，并对外墙进行生态装饰，保持景观的延续；对现有景观广场入口和节点做整体景观提升，增加休憩场所。

图10-48 显山露水——九峰一路南侧规划水渠效果图

图10-49 生态处理——九峰一路北侧现状水渠效果图

图10-50 化零为整——九峰一路—孟新路节点广场效果图

图10-51　智慧光谷魅力城——九峰一路西端入口节点效果图

图10-52　烘托节点——九峰一路鸡公山公园入口效果图

a 鸡公山公园南侧——景观延展

图10-53　九峰一路鸡公山公园两侧节点效果图

b 鸡公山公园北侧——功能渗透

图10-53 九峰一路鸡公山公园两侧节点效果图（续）

图10-54 绿化综合提升——九峰一路西苑公园段效果图

图10-55　妆点路口——九峰一路与花山大道交叉口段效果图

10.4　小结

本章以武汉市规划设计有限公司建造设计的街道为例，选取了武汉市旧城区、新城区的三种街道类型，分别为生活服务街道的改造、新建商业街道的设计及景观型街道的改造。按照理论篇中关于街道的定义，重点从产权与规划制度、空间活动范围、景观感受及人际关系四个层面对街道进行了现状分析，并结合街道需求方和供给方的诉求，提出了街道改造的思路，以期为其他城市或者地区街道的改造提供借鉴。

类似于国内很多大城市的发展路径，目前武汉正处于从增量规划到存量规划的转型时期，武汉市区两级政府近些年结合城市更新改造、军运会等大型赛事的举办契机，对武汉市重点街道的品质提升进行了一系列的尝试与探索，逐步改善了武汉市街道的功能品质和形象。其中值得一提的是光谷中心城2018年实践的街道设计项目，作为一个新型项目类型，它打破了常规设计中用地权属的空间限制、上下规划衔接不畅、多方信息对接复杂等诸多限定，协调指导开发地块退界空间和道路红线空间范围内的设计，突破了传统道路建设的管理模式和现有的管理体制，在武汉市乃至全国来讲，都是全新的尝试和实践。

第11章
结语

　　作为经常使用的一种物质和社会空间形式，街道承载着人们在特定历史时期对物质和社会空间的不同要求和期望，在各个社会发展阶段发挥着特殊的功能与作用。在快速城镇化和机动化的建设发展时期，城市交通规划往往受以小汽车为主导的思想影响，把街道功能过度向机动车通行倾斜从而弱化了步行交通。而川流不息的车流挤压了街道场所功能的发挥，割裂了社区并阻断了人们对城市往昔的记忆。随着休闲、娱乐、交流、休憩等活动从街道空间转向了商场、超市等室内空间，街道的功能也从通行与场所并存转化为纯粹的道路交通功能。目前我国城市发展方式由粗放型向精细化方向的转型，把街道品质的提升放到了重要的城市规划建设管理日程上。街道不再仅仅是一个满足人们户外活动时从出发地到目的地的通行功能的道路，它更是一个人们日常生活中进行购物、会友、休闲等活动，以及承载地方历史文化特色的场所。

　　街道作为一种物质空间形式，它以看得见、摸得着的实体形态融入人们的生活中。街道使用者的空间活动范围以及街道空间的各个界面定义了这个实体空间的深度和广度。而作为一种社会空间形式，其背后的制度要素和社会关系往往是不容易被看见或触摸到的。然而，土地利用规划、产权划分以及存在于街道使用者之间的邻里、友情、亲情关系，却实实在在地影响街道空间的形成、使用、管理与改造。对街道的研究与认识，需要包括空间活动范围、景观界面、制度设定和邻里关系这四个方面。在具体的街道品质提升工作中，各参与专业和技术人员都必须通过认真了解影响街道空间的四要素来建立一个全局观念，在此基础上进行专业规划设计工作。切不可简单地以某条线（如道路红线）划分工作的区域。

街道品质是人们对街道质量的评判，这种评判主观性较强，个人对美的认知、使用街道空间的目的、使用该空间时的经历以及街道空间的设计理念等都会影响一个人对街道空间好坏的判断。虽然东西方国家都在进行街道品质的研究、提升工作，它们所面临的问题、背后的影响因素以及解决方案路径则不尽相同，至今国内外尚未有一个系统的街道品质评价指标或方法。从本书案例篇分析的中西方街道改造的成功经验可以看出，成功的街道改造方案首先需要平衡不同利益群体的诉求，即考虑街道居民、市民以及街道管理人员的多样性诉求，他们的职责定位和利益关系，并在此基础上，通过塑造公共交通、非机动车交通及人行交通友好的道路空间和场所空间，打造有吸引力、有活力的街道。然而街道品质改造的差异也一目了然，本书所分析的案例中，有的注重交流场所的打造，有的注重交通条件的改善，有的则注重生态和文化环境的提升。国内结合三旧改造、重大赛事举办的契机所进行的街道品质提升工程，往往更关注街道沿线物质环境以及城市形象的改造提升。街道品质提升工程不同的重点和目标反映了街道品质的主观性这一特点。对于街道空间品质的诉求取决于当时当地的社会经济发展水平、产权与法治的基础、规划设计施工建设质量、维护运营管理水平。每个街道品质提升项目的愿景、规划设计方案、建设管理步骤也必然是各有特色。

提升街道品质的诉求和实践古已有之，其做法包括自下而上由街道居民或市民主导的提升活动，以及自上而下由地方政府主导的提升项目。目前国内街道改造项目以政府主导为主，街道品质存在的主要问题表现在街道通行能力差、缺少人性化特征、景观环境品质低劣、商业业态同质化严重等方面。不同的街道品质提升基于不同的改造目的，解决问题的侧重点不同，从而难以实现系统化和标准化的改造流程。从"以人为本"的角度来看，街道品质的评价应该从街道承载街道功能的能力、提供愉悦体验的能力及环境友好或社会公平理念的体现方面着手，而街道品质提升的措施应该从提升街道空间的人性化、改善街道的通行功能、加强街道的场所功能、提高统筹协调的规划设计管理能力等方面进行加强。

街道设计虽不是唯一能提升街道品质的措施，但是其对街道品质改善的重要性得到了全球城市规划师和政府管理者们的认可。进入21世纪以来，世界很多国家和城市纷纷制定并出台了街道设计相关标准和规范，从政策、管理、设计及制度方面为街道品质的塑造和环境提升创造了良好的基础。受各国社会经济发展阶段的影响，街道设计导则（指南）所处的层级不同，解决的问题不同，编制的内容亦是不同的。

欧美国家是街道设计导则的起源地，城市化进程较为成熟且趋于稳定，在街道设计方面的研究和探索侧重于街道场所空间的打造，导则编制的目的是通过引导慢行交通来促进城市交通模式的多元化发展，进而重建活力的街道空间、恢复中心区城市魅力；而亚洲许多国家尚处于快速发展阶段，仍旧以城市人口迅速增长为主要特征，街道设计上更注重交通问题的解决和道路空间的合理配置，如中国导则编制的目的更多的是一种从"道路"向"街道"理念的传递，实现从传统的道路红线管控向建筑退界空间管控的转变。以中国各大城市编制的街道导则为例，这些导则未能摆脱技术主义范式，在街道设计中承担的角色更多的是一种技术标准，注重街道设计的要素及模板设计，且这些技术章节大同小异，针对性不强，弱化的是街道场所的营造及协调机制的实施，因此面向的对象主要是设计师。虽然欧美国家的街道导则亦有详尽的有针对性的技术指引，但是更多的是完善的实施保障机制，且摒弃了传统的蓝图式"终端规划"，开始追求动态指引和弹性控制，导则承担的角色更多的是方便管理者、设计师、市民使用的指南性文件。也许中国各大城市街道导则的编制有很多不尽如人意，却对街道理念传导的作用贡献意义重大，引起了国内各城市对街道及街道设计的重视，由此也促进了国内街道空间规划与设计的实践及理论研究，如本书中提及的武汉街道品质提升项目等。

造成中国城市街道空间品质低劣的原因远远不只是街道设计问题，街道要素的产权归属、相关产权人的责任、管理维护标准等在许多情况下都和街道设计质量同等重要或者更重要。目前中国街道品质提升重点解决人性化、通行顺畅、场所功能以及多部门多元素协调问题，体现了由粗放型发展向精细化发展转型的要求。街道的品质提升不是为了设计而设计，而是如何创造一个更美好的公共空间。同时街道品质作为人们的主观评判，其着重点是随着社会经济的发展而变化的，这就要求街道品质提升是一个不断发现问题、不断协调意见、不断解决问题的过程。

街道是社会的缩影。街道的品质真实地反映了其所在城市以及生活在这个城市、区域，乃至整个国家中的人的品质。人对街道空间的需求，为满足这些需求而做的物质建设和所形成的制度规章，以及人们在使用物质和制度空间时所产生的结果，决定了街道的品质。显然，街道的品质是一个动态的、主观的概念。街道品质的提升是一个多元化的过程，包括多元化的目标、多元化的参与主体以及多元化的评价标准。做好"以人为本"的街道品质提升工作，需要规划设计人员和管理人员充分认识人的空间活动特点、行为喜好以及规范其行为的规章制度和风俗习惯，了解不同街道品质提升项目的经验教训，并在此基础上创新规划设计以及运营管理的标准、规范和制度。

参考文献

［1］中华人民共和国国家计划委员会. 道路工程术语标准CBJ 124-1988［S］. 北京：中国计划出版社，1988.

［2］阿兰·B·雅各布斯. 伟大的街道［M］. 王又佳等译. 北京：中国建筑工业出版社，2016.

［3］巴里·卡林沃思，文森特·纳丁. 英国城乡规划［M］. 陈闽齐译. 南京：东南大学出版社，2008.

［4］蔡禾. 城市社会学讲义［M］. 北京：人民出版社，2011.

［5］费孝通. 乡土中国［M］. 北京：生活·读书·新知三联书店，1985.

［6］简·雅各布斯. 美国大城市的死与生［M］. 金衡山译. 南京：译林出版社，2006.

［7］克里斯琴·诺伯格·舒尔茨. 建筑——意义和场所［M］. 黄士钧译. 北京：中国建筑工业出版社，2018.

［8］《汉口租界志》编纂委员会. 汉口租界志［M］. 武汉：武汉出版社，2003.

［9］刘国光. 中国城市年鉴［M］. 北京：中国城市年鉴社出版，2017.

［10］美国城市交通官员协会. 城市自行车道设计指南［M］. 张可等译. 南京：江苏凤凰科学技术出版社，2018.

［11］上海市城市规划设计研究院. 上海市街道设计导则［M］. 上海：同济大学出版社，2016.

［12］吴之凌等. 武汉百年规划图记［M］. 北京：中国建筑工业出版社，2009.

［13］罗坤，苏蓉蓉，程荣. 上海城市有机更新实施路径研究［C］//中国城市规划学会. 持续发展 理性规划——2017中国城市规划年会论文集，2017.

［14］黄丹. 基于居住行为的生活性街道要素对活力的影响研究——以深圳市南山区典型街道为例［D］. 哈尔滨工业大学，2018.

［15］钱磊. 街道断面设计对街道行为的影响性研究［D］. 同济大学，2008.

［16］周华彬. 武汉里份的演变与价值再生解析［D］. 华中科技大学，2006.

［17］Agarwal O P. 印度应对城市机动化策略［J］. 城市交通，2010，8（5）：25-27.

［18］白骅. 城市街道界面景观要素及设计方法研究［J］. 西安建筑科技大学学报（自然科学版），2014，46（04）：562-566.

［19］蔡琳. 武汉市中山大道街道活力研究评价［J］. 价值工程，2018（4）：207-208.

［20］方可，田燕，余翔，武洁. 武汉市中山大道综合整治规划探索［J］. 城市规划，2018（9）：139-142.

［21］葛岩，唐雯. 城市街道设计导则的编制探索——以上海市街道设计导则为例［J］. 上海城市规划，2017（01）：9-16.

［22］高振宇. 地籍管理中的问题思考及对策研究［J］. 中国房地产，2017，563（06）：49-53.

［23］刘滨谊，余畅，刘悦来. 高密度城市中心区街道绿地景观规划设计——以上海陆家嘴中心区道路绿化调整规划设计为例［J］. 城市规划汇刊，2002（1）：60-62，67.

［24］林磊. 从《美国城市规划和设计标准》解读美国街道设计趋势［J］. 规划师，2009，25（12）：94-97.

［25］卢柯，潘海啸. 城市步行交通的发展——英国、德国和美国城市步行环境的改善措施［J］. 国外城市规划，2001（06）：39-43.

［26］刘泽煜，肖玲. 北京路步行街场所精神的探寻［J］. 华南师范大学学报（自然科学版），2008，121（03）：125-130.

［27］马宏，应孔晋. 社区空间微更新——上海城市有机更新背景下社区营造路径的探索［J］. 时代建筑，2016（4）：10-17.

［28］Michael R. Gallagher. 追求精细化的街道设计——《伦敦街道设计导则》解读［J］. 王紫瑜编译. 城市交通，2015（4）：56-64.

［29］马静，施维克，李志民. 城市住区邻里交往衰落的社会历史根源［J］. 城市问题，2007，140（03）：46-51.

［30］马欣，陈江龙，吕赛男. 中国土地市场制度变迁及演化方向［J］. 中国土地科学，2009，123（12）：10-15.

［31］Nicholas P Low，Swapna Banerjee-Guha. 孟买和墨尔本：与交通可持续发展背道而驰［J］. 国外城市规划，2002（6）：25-32.

［32］牛喜霞，邱靖，谢建社. 环卫工人生存状况及其影响因素——基于广州市的调查［J］. 人口与发展，2014，20（3）：104-112.

［33］宋丽娜. 熟人社会的性质［J］. 中国农业大学学报（社会科学版），2009，26（2）：118-124.

［34］谭源. 试论城市街道设计的范式转型［J］. 规划师，2007（05）：71-74.

［35］田燕. 文化复兴目标下的武汉中山大道改造规划实施［J］. 城市规划，2018（9）：139-142.

［36］王苍龙. 我国城市人际关系特点探究［J］. 消费导刊，2009（5）：10-11.

［37］王磊，王鹤，于是华，纪书锦. 基于街道设计理念的道路规划方案研究——以丹阳市新民东路改造为例［J］. 江苏城市规划，2018，284（07）：24-30，44.

［38］王泗通. "熟人社会"前提的社区居民环境行为［J］. 重庆社会科学，2016（4）：59–63.

［39］吴天帅. 谁是街道设计背后的大Boss?［J］. 城市规划通讯，2018（10）：17.

［40］杨帆航，李瑞敏. 美国道路瘦身发展综述. 城市交通，2017，15（03）：27–35.

［41］杨卡. 新城住区邻里交往问题研究——以南京市为例［J］. 重庆大学学报（社会科学版），2010，16（03）：125–130.

［42］余瑞林，王新生，刘承良. 武汉市道路交通网络发展历程与演化模式分析［J］. 现代城市研究，2007（10）：70–76.

［43］尹晓婷，张久帅.《印度街道设计手册》解读及其对中国的启示［J］. 城市交通，2014，12（02）：18–25.

［44］杨小舟. 城市街道设计的人性化现实表达——浅析沈阳青年大街规划设计的问题与对策［J］. 美术大观，2012（5）：126–127.

［45］叶朕，李瑞敏. 完整街道政策发展综述［J］. 城市交通，2015，13（01）：17–24，33.

［46］张学东. 从传统到现代：建国以来城市邻居关系的变迁［J］. 社科纵横，2007，22（5）：58–59.

［47］张应祥. 社区、城市性、网络——城市社会人际关系研究［J］. 广东社会科学，2006（5）：183–188.

［48］赵宝静. 浅议人性化的街道设计［J］. 上海城市规划. 2016（2）：59–63.

［49］周江评，王江燕，姜洋. 慢行交通的意义、国际研究进展和实践小结——写给慢行交通"保卫战"中的中国城乡规划师［J］. 国际城市规划，2012，27（5）：1–4.

［50］张久帅，尹晓婷. 基于设计工具箱的《纽约街道设计手册》［J］. 城市交通，2014，12（02）：26–35.

［51］张笃勤，程明华. 武汉城市空间的历史演变和当代特色重塑［J］. 江汉大学学报（社会科学版），2012，29（2）：37–43.

［52］张帆，骆悰，葛岩. 街道设计导则创新与规划转型思考［J］. 城市规划学刊，2018（02）：75–80.

［53］朱荣远. 深圳罗湖旧城改造观念演变的反思［J］. 城市规划，2000（07）：44–49.

［54］北京市规划和自然资源委员会. 北京城市总体规划（2016年—2035年）［R］. 2016.

［55］北京市城市规划设计研究院. 北京街道更新治理城市设计导则［R］. 2018.

［56］广州市住房和城乡建设委员会. 广州市城市道路全要素设计手册［R］. 2017.

［57］上海市规土局风貌处，上海市规土局公众参与处，上海城市公共空间设计促进中心. 行走上海2017——社区空间微更新试点项目基本概况［R］. 2017.

［58］Skidmore，Owings and Merrill建筑设计事务所. 中国光谷中心区总体城市设计［R］. 2012.

［59］深圳市城市交通规划设计研究中心有限公司. 罗湖区完整街道设计导则［R］. 2017.

［60］武汉市国土资源和规划局，武汉市土地利用和城市空间规划研究中心，武汉市规划研究院，伍德佳帕塔设计咨询（上海）有限公司. 中山大道综合改造规划［R］. 2014.

［61］武汉市规划研究院. 原汉口租界区保护更新规划［R］. 2013.

［62］武汉市规划设计有限公司. 武汉市街道设计导则［R］. 2019.

［63］Dutch Ministry of Transport. The Dutch Bicycle Master Plan［M］. The Hague: Ministry of Transport, Public Works, and Water Management, 1999.

［64］Jane Jacobs. The Death and Life of Great American Cities［M］. New York: Modern Library, 1993.

［65］John Massengale, Victor Dover. Street design: the secret to great cities and towns［M］. Hoboken：John Wiley & Sons,Inc. 2014: 217.

［66］New York City Department of Transportation. Street Design Manual 2015 Updated Second Edition［R］. 2015.

［67］Roberta Brandes Gratz. The Battle for Gotham: New York in the Shadow of Robert Moses and Jane Jacobs［M］. New York：Nation Books, 2011.

［68］Transport for London. Streetscape Guidance Third Edition 2017 Revision 1［R］. 2017.

［69］Abu Dhabi Urban Planning Council. Abu Dhabi Urban Street Design Manual［R］. 2009.

［70］Altman, I., Taylor, D. A. Social penetration: The development of interpersonal relationships. Oxford, England: Holt, Rinehart & Winston, 1973.

［71］American Planning Association. Planning and Urban Design Standards［M］. Hoboken：John Wiley & Sons,Inc. , 2006.

［72］Ahmedabad: ITDP, EPC. Better Streets, Better Cities: A Guide to Street Design in Urban India［R］. 2011.

［73］Case Study: Swanston St［R］. The city of Melbourne, 2006.

［74］Chartered Institution of Highways and Transportation. Manual for Streets［R］. 2007.

［75］City of Melbourne. The Redevelopment Of Swanston Street. Council Report［R］. 2009.

［76］Crown Street–Vancouver's First Environmentally Sustainable Street［R］.The City of Vancouver, 2005.

［77］GLA. The Mayor's Transport Strategy 2018［R］. Greater London Authority. 2018.

［78］Global Designing Cities Initiative. Global Street Design Guide［R］. ISBN: 9781610917018, Island Press, Washington, DC, 2016.

［79］Graham S and Marvin S 2001. Splingtering Urbanism: Networked Infrastructures,

Technological Mobilities and the Urban Condition. New York: Routledge.

［80］Han SS. Urban expansion in contemporary China: what can we learn from a small town?
　　　［J］. Land Use Policy. 2010, 27 (3):780–787.

［81］Lancaster Redevelopment Agency. The BLVD Transformation Project［R］. 2013.

［82］Mayor of London, urban design London, Transport for London. Better Streets
　　　Delivered:Learning from Completed Schemes［R］. UK:Transport for London, 2013.

［83］Marshall Berman 1982. All that is solid melts into air. NY: Viking Penguin.

［84］Pucher J, Komanoff C, Shimek P. Bicycling Renaissance in North America［J］.
　　　Transportation Research A, 2009, 33: 625–654.

［85］Putnam, R. D. . Making Democracy Work：Civic Traditions in Modern Italy［M］.
　　　Princeton: Princeton University Press, 1993.

［86］Record 25: Design Manual for Bicycle Traffic［S］. The Netherlands: CROW, 2006.

［87］Roberta Brandes Gratz 2011. The Battle for Gotham: New York in the Shadow of Robert
　　　Moses and Jane Jacobs.

［88］Rupprecht Consult. Guidelines: Developing and Implementing a Sustainable Urban
　　　Mobility Plan［R/OL］. 2014［2017–05–05］.

［89］Transport for London. Better Streets Review.［R］. UK:Transport for London, 2012：
　　　P44–51.

［90］Transport for London. Legible London［R］. UK: Transport for London, 2009.

［91］Transport for London, Streetscape Guidance 2009: A Guide to Better London Streets
　　　［M］. London: Transport for London, 2009.

［92］UK Highways and Transportation. Manual for Streets 2: Wider Application of the
　　　Principles［R］. UK: Chartered Institution of Highways and Transportation, 2010.

［93］Transport for London. Improving Walkability: Good Practice Guidance on Improving
　　　Pedestrian Conditions as Part of Development Opportunities［R/OL］. 2005.

［94］New York City Department of Transportation. Street Design Manual［S］. New York:
　　　NYDOC, 2009.

［95］Street Design Guidelines［R］. New Delhi: UTTIPEC, UTTIPEC, Delhi Development
　　　Authority，2010.

［96］交通言究社. 陈小鸿：新阶段下完整街道设计的重点和方法有哪些？交通综
　　　合治理又应该如何进行？［EB/OL］.（2019–04–01）［2019–06–05］. http：//
　　　dy.163.com/v2/article/detail/EBM7H9NJ0514CRF0.html.

［97］长江日报武汉市地产集团40年特辑. 华丽转身大城工匠在突破中助力城市更
　　　新［EB/OL］.（2018–12–29）［2019–04–27］. http://cjrb.cjn.cn/html/2018–12/29/
　　　content_112761.htm.

［98］陈卓. 武汉今年五次向世界分享先进经验：从生态文明到街区复兴［EB/OL］.

（2016-11-28）［2019-04-27］. http://news.cnhan.com/html/yaowen/20161128/759059.htm

［99］成熔兴. 湖北权利推进军运会各项筹备工作［EB/OL］.（2019-03-08）［2019-05-08］. http://hbrb.cnhubei.com/html/hbrb/20190308/hbrb3321387.html

［100］罗威廉著，江溶，鲁西奇译. 19世纪汉口的城市功能和市容印象［EB/OL］.（2017-06-21）［2019-05-08］. https://www.thepaper.cn/newsDetail_forward_1706900.

［101］罗威廉著，江溶，鲁西奇译. 海外中国丨罗威廉：19世纪的老武汉（附，访谈）［EB/OL］.（2017-06-21）［2019-05-08］. http://www.sohu.com/a/193389191_488646.

［102］黄尖尖. 角场将再现一条"大学路"，但请放心绝对不是山寨版，不信来看［EB/OL］.（2017-03-21）［2019-04-23］. http://www.sohu.com/a/129669334_652918.

［103］黄尖尖. "行走上海社区空间微更新计划"新设11个试点项目 政通路9月前"变身"［EB/OL］.（2017-04-10）［2019-04-23］. http://www.shanghai.gov.cn/nw2/nw2314/nw2315/nw4411/u21aw1221085.html.

［104］黄尖尖. "行走上海"空间微更新计划实施两年项目从社区内部走向街区［EB/OL］.（2017-05-09）［2019-04-23］. https://www.weibo.com/ttarticle/p/show?id=2309351002874111377227721679.

［105］黄尖尖.政通路改造完工，梧桐大道上开辟出上海首条拉杆箱专用道［EB/OL］.（2017-12-15）［2019-04-23］. https://www.shobserver.com/news/detail?id=74079.

［106］高梦格.大武汉商业第一街焕发新活力 老字号集体回归［EB/OL］.（2016-12-29）［2019-04-27］.http://news.cnhubei.com/xw/wuhan/201612/t3765443.shtml.

［107］林永俊. 中山大道改造 讲颜值重气质［EB/OL］.（2015-12-17）［2019-04-27］. http://ctdsb.cnhubei.com/HTML/ctdsbfk/20151217/ctdsbfk2803972.html.

［108］牛渭涛. 汉口日租界收回始末［EB/OL］.（2017-07-07）［2019-05-08］.https://www.sohu.com/a/155154114_556544.

［109］沈从乐.街道观察：我们真的会失去商业街吗?［EB/OL］.（2019-3-19）［2019-04-15］. https://www.thepaper.cn/newsDetail_forward_3153625.

［110］孙珺，周迪.中山大道开街一周 新民众乐园最老店重现人潮［EB/OL］.（2017-01-05）［2019-04-27］. https://hb.qq.com/a/20170105/017853.htm.

［111］孙珺，刘兆阳，钟馨如. 中山大道改造升级后美不胜收 最全逛吃攻略出炉［EB/OL］.（2016-12-28）［2019-04-27］. http://news.cnhubei.com/xw/wuhan/201612/t3764814.shtml.

［112］杨升. "吃穿住行"他们最清楚 中山大道环卫工一天当导游80多次［EB/OL］.（2017-03-23）［2019-04-27］. http://hb.people.com.cn/n2/2017/0323/c192237-29904296.html.

［113］陶常宁. 以筹办军运会为契机大力整治提升市容环境［EB/OL］.（2018-06-26）［2019-05-08］. http://cjrb.cjn.cn/html/2018-06/23/content_80650.htm.

［114］唐昀. 伦敦展览路展示21世纪街道范本［EB/OL］.（2012-02-11）［2019-09-03］. http://news.ifeng.com/c/7fbQSg4dDv5.

［115］周飙. 印度摊贩的街道占据权［EB/OL］.（2010-10-26）［2019-04-03］. http://finance.sina.com.cn/roll/20101026/07368842887.shtml.

［116］Rowan Moore. Exhibition Road, London-review［EB/OL］.（2012-01-29）［2019-09-03］. https://www.theguardian.com/artanddesign/2012/jan/29/exhibition-road-rowan-moore-review.

［117］The Harrington Collection. South Kensington is a cultural centre but what is its history?［EB/OL］.（2019-7-12）［2019-09-03］. http://www.theharrington.com/blog/south-kensington-is-a-cultural-centre-but-what-is-its-history.

致谢

本书的成功出版离不开诸位好友和相关团队的大力支持，感谢韩加萌、栗瀚博、杨岳龙提供的伦敦、阿姆斯特丹和墨尔本案例的相关照片，感谢张剑提供的中山大道照片，感谢武汉市规划设计有限公司项目团队提供的陈怀民路、一心街及九峰一路的街道案例，特别感谢武汉市规划设计有限公司规创传媒分公司团队对书中图片及表格的处理。

感谢所有支持本书的读者！并向致力于街道设计工作的所有同仁致敬！